数据化

由内而外的智能

Shu Ju Hua

You Nei er Wai de ZhiNeng

姜 浩 ◎ 著

中国传媒大学 出版社
·北 京·

目 录

CONTENTS

第二篇　数据化的虚拟世界

第三篇　数据友好

第四篇　数据自由

引 言

媒介融合是传媒行业变化的关注者们经常讨论的一个话题。在传播领域从事实践或理论工作的人，只要有基本的观察能力，必定会注意到正在发生的汇聚、统一现象——报纸、书刊、广播、电视和电影等都在从原有的纸张、电波、磁带、光盘和胶片等介质，向电脑、智能手机和互联网等信息科技打造的新平台上迁移，这种聚集不仅体现在下游内容信息的消费体验阶段，也反映在上游从内容创作到传播发行的所有活动中。事实上，如今受到信息科技翻天覆地影响的岂止是传媒行业，巨大的震荡早已波及包括教育业、医疗业、制造业、商业和服务业在内的几乎所有行业，甚至连被预言为21世纪社会发展主导力量的生命科学，其实也根本离不开信息科技的支持。例如，人类基因组计划(Human Genome Project，简称HGP)完全就是使用电脑进行DNA测序，用电脑记录海量的人类DNA数据，并比较、识别和分析其信息表达，了解其与人类生理特征和遗传疾病的关系。[1]

对于这一变革的根源，人们顺理成章地会以自己早就耳熟能详的“数字化”来解释。

但是，将认识仅仅停留在“数字化”上还远远不够。当我们在十几年后的今天，翻看关于“数字化”的经典著作——尼葛洛庞帝的《数字化生存》时，会发现这本书已经无法解释我们身边的更深刻、更复杂的变化。例如，书中第三章探讨媒介的革命、批驳了模拟高清晰度电视。[2]作者预言数字电视才是未来，但如今看看有线数字电视网中电视开机率和收视率全面下滑的统计数字，我们还能接受这个判断吗？我们是相信以数字机顶盒连接数字电视网络的数字电视体系，还是倾向于通过有线、无线数据连接接入互联网，使用手机、平板电脑和智能电视，通过视频服务网站观看视频的数据视频体系呢？企业仅仅依靠“数字化”如今根本无法做到万事大吉。例如，在业界曾经如日中天的跨国巨头、从一开始就全心全意拥抱“数字化”的索尼公司如今迅速衰落，一直没有脱离数字通讯的诺基亚则接近彻底消亡，是什么把它们抛到了时代浪潮的后面？

答案是“数据化”。在我们点亮手机、解锁屏幕，将目光聚焦在屏幕顶部的信息栏时，我们经常看到两个图标——“WiFi”和“移动数据”之中至少有一个处于激活状态，这就是我们已置身“数据化”世界的明证。

我们的文明在经历口述、书写、印刷、电气（模拟技术）的历史阶段之后，正在从原始的、粗糙的数字化迈入更复杂、更高层次的数字化——“数据化”，数据化是数字化的最新发展，可称之为“数字化 2.0”。如果把数字化分为前数字化和后数字化时期，那么在前数字化时期，其代表物是 DV、CD、DVD、蓝光盘、电子书、数字电视和功能手机等等媒介，这一阶段仍然属于从模拟技术到数字技术的过渡时期，是低层次的、原始的数字化；后数字化时期以数据相关应用为核心，其代表物是正在迅速普及的智能手机、平板电脑、智能电视等智能家电和智能穿戴设备，也是已历经几十年发展，如今仍充满生命力、显现勃勃生机的个人电脑与笔记本电脑、服务器和互联网。通过以数据为核心的计算、通讯与存储活动，不断借助机器的软硬件向外拓展的人类智能正在开创一个新的时代，这个时代与前数字化时代有着本质的不同。

数据是比特的结构化的集合，这是关于我们所置身其中的巨大变革的真正重要的一个认识。这一概念集中体现了从前数字化时期（以比特为核心）开始以来，又一波重大技术创新（以数据为核心）的意义。数据和比特的关系，就像分子和原子的关系。比较而言，把数据仅仅理解为量值、数值这样的统计学、应用数学概念则过于狭隘了。

在数据化时代，数据力——即以人为主体，以数据为客体对象的计算、存储和通讯的力量是人的智能发展、文明进化的关键。我们讨论数据化，不仅仅是想要统计和分析微博上的粉丝数、评论数和转发率，我们更关心人们怎样用微博轻松地写出自己的感想，用手机摄像头自如地记录自己的生活，并借助互联网在众人中自由地传播。我们需要思考：

长微博这项伟大的发明为什么会在新浪微博上出现？

马克·安德森撰文声称“Web 已死，Internet 永生”，这话靠谱吗？

美国国会图书馆能否禁止移动网络签约用户解锁自己的手机?

Facebook 可以阻止用户将自己的联系人数据从网站上批量导出、保存和转为其他厂商支持的格式吗?

苹果公司让手机上的系统软件记录用户的地理位置,并明文保留在用户手机上的做法正当吗?

手机被偷,失主利用软件和网络追踪定位自己的财产,并在互联网上公布小偷的地址侵权了吗?

要回答这些问题,首先必须澄清被热门的“大数据”弄混的一个概念,即“数据”的概念。

第一篇

从数字化到数据化

第1章　什么是数据和数据化

数据是比特的结构化的集合。

1.1　数据概念的两种含义

人们在使用“数据”这个词的时候，可能是在表述两种概念，一种是传统意义上的概念，强调数值、量值。比如财务数据、经济数据、统计数据等术语中的概念；另一种是伴随数字化产生和发展出来的较新的概念，表征这一概念的数据，指的是数字比特的结构化的集合，比如数据库、数据结构、数据通讯、数据中心等术语中的数据概念。

数据概念的这两种含义是有所区别的。前一种是定量的，强调数值、量值含义的数据概念主要是在统计应用层面关注事物的特征，强调其中包含了我们可用来比较大小和计量、计算的信息；后一种数据的概念是定性的，这是更基础、更抽象的概念。在本书所论述的数据概念中，作为其组成要素的比特是描述一般状态的，用于表征最基本的、明确的、可作互斥区分的任何状态。相较而言，把比特看作单纯的二进制数值的认识过于狭隘。例如，二进制比特及作为其集合的数据（例如字节）可以代表性别的男或女，也可以代表一个英文字符或汉字，这些符号明显不能进行普通的加、减、乘、除数值运算，也不能比较大小和评估量值变动趋势。如果把分别表示两位男性的两个一位二进制1作数值运算相加，就会得到表示女性的一位二进制0，这种把比特以及比特的组合拘泥于只限量值表达的思维明显是非常荒谬的。

结构化比特集合的数据概念是随着全新的信息科技而出现的，而量值数据概念则早已存在。从人认识到数并在生活中使用数开始，表征量值的数据概念就已经形成并广泛应用了。早在1494年，意大利圣芳济会的修士、数学家卢卡·帕西奥利发明了复式记账法，之后公司就可以采用这种方法监督其现金流，并据此操控复杂的商业活动。复式记账法这一数值数据的统计应用促进了威尼斯银行业的跨越式发展，由此开创了经济全球化的先河，量值数据概念的应用和普及的确有其自身的价值。[3]

比特数据与数值数据这两个概念也有内在的联系。信息科技的典型代表——计算机的最初发明，就是为了实现高效率的数值计算，例如分析炮弹的飞行轨迹等等。设计最初原型的计算机科学家们根本没有想到，几十年后的计算机能做的事情已经远远超出了数值计算。随着数字技术的成熟，计算机更广泛的用途被发掘出来，它成为了最重要的通用信息处理系统。如今计算机已经有了加工文字、声音、图像和视频等媒体的能力，而包括数、文字、声音、图像和视频在内的所有媒体，在计算机中归根结底都是以比特表示，以结构规范的比特集合的形式被存储、处理和传输。在信息科技领域，它们都被具体地称为“数据”，例如文本数据、图像数据和视频数据等等，这些“数据”中绝大部分不是用来单纯传达量值信息的。

如果比特是虚拟世界的沙土和水泥，那么数据就是砖、瓦和混凝土预制件。实体世界中的原子相当于虚拟世界中的比特，虚拟世界里的数据对应的则是实体世界里的分子。数据本身是描述状态的抽象对象，既可以用来表示数量、数值，又可以代表字符、文字，或者用来记录声音、图形、图像和视频。从本质上说，软件程序本身也是数据。这是真正重要的数据的概念！

1.2　数据概念的来源

数的计算是人类的高级思维活动，是人类独有智能的一种典型表现。追根溯源，在开始掌握数的简单加法运算之前，人们先要尝试记录数量，而在形成数量的概念之前，首先要能区分“有”和“无”的互斥状态。没有谁会怀疑，人类对数的认识，是从累积计数开始的，而如果要做累计计数，人的思维中首先要发展出“有”和“无”的抽象认识。对这两种互斥状态差异的理解是数据概念形成的基础，也是比特的终极含义的来源。

现在，我们仍然会用具有一般性的手指的屈伸，代表不同的、具体的物品的无或有——比如，可以表示有个苹果，或者有棵苹果树，也可以表示有个人在苹果树下（如图 1.1，1.2 所示）。无或有的判断是最基本、最简单的，它不需要太精确。也就是说，苹果大小没关系，苹果树高矮没关系，人是男是女、是老是少没关系，因为这是定性的认识。这种思维形成于人的意识、人类智能的起点。

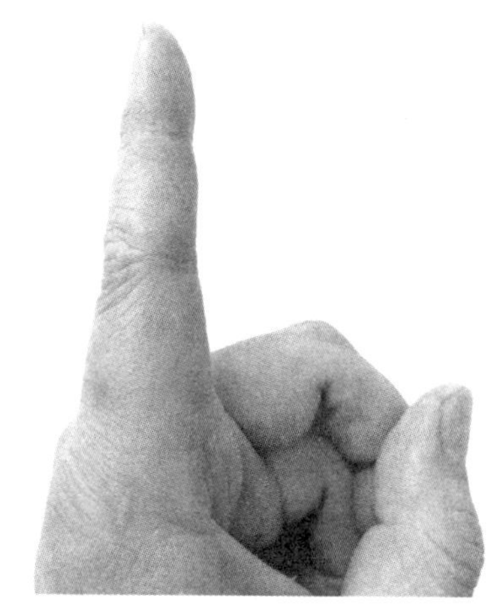

图 1.1 用手指指代具体事物“有”

图 1.2 用手指指代具体事物“无”

从最基础的定性的认识，人类发展出了更高级的定量的认识。我们的祖先将采集到的外形相似的果实映射为手指，或者映射为小石子、小树枝、小草棍，它们作为帮助计数的单元，可能是被均匀地摆放在平整的地面上，每一个计数单元占据地面上的一个空间位置，这是一对一的映射和累积计数。所有这些计数单元及其所占据的空间具有均质性——不分前后优劣，它们看上去基本上是一样的，这是人的抽象思维能力所能把握的。不论第二个计数单元是在第一个上面、下面还是左边、右边，它们之间的相互位置关系不影响它们的含义——每个计数单元只对应于一个采集的果实。

随着对这种方法的熟练运用和理解的加深，人类必然寻求更高效便捷的计数方法。这时，用不同形状的计数单元指代不同的数量，是接下来发生的事情吗？例如，用一个明显更大的石子代表原来的两个小石子？这个我们不得而知。但我们知道，我们的祖先并没有这样做，而是采用了相同的单元但不同的空间结构来提升计数效率。流传至今的算盘就是一个最好的证据。

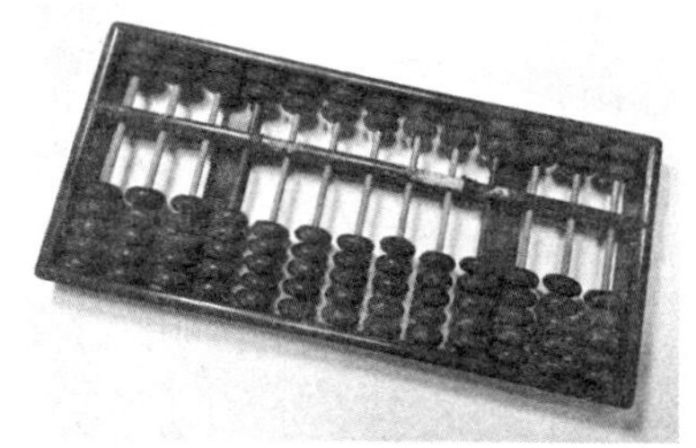

图 1.3 典型的中式算盘

算盘的中间有一根横杠，将空间分成了上小下大的两个部分。同一根纵向的杆上的算盘珠是完全一样的（如图1.3所示）。但是，在横杠下方的一个算盘珠只代表1，而在横杠上方的一个算盘珠则代表5。这是5进制的记数法。相邻的两根杆是10倍的关系，所以其中又包含了10进制的记数法。算盘融合了5进制和10进制的记数方法，这和人手掌上的手指数量是一致的。利用简单的空间结构，我们可以使用外形完全相同的计数单元——算盘珠来高效地记录很大的任意数值，并发展出了一套复杂的计算方法。

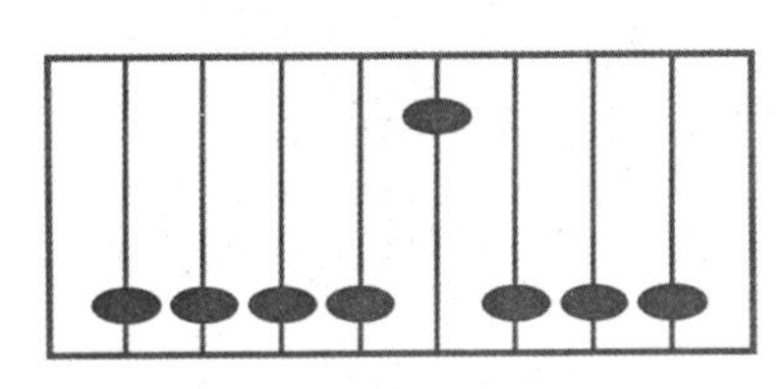

图1.4　二进制算盘的原型，其中的二进制数是0000 1000，即十进制的8。

按照算盘的原理，我们完全可以构造一个二进制的算盘。如图1.4所示，每根杆上只用1个算盘珠，拨到下方是0，拨到上方代表1，左右相邻两根杆是2倍的关系。8位的2进制数是一个基本的数据类型——字节。如果单纯考虑计算机的计数功能，比特支持最简单的二进制数值表示。

计算机中的比特不仅仅是用来算数的，它们还能记录极为丰富的状态。仅仅利用两个简单符号反映同一位置的有和无的两种不同状态，就能搭建出复杂的虚拟世界。数据化采用的完全是结构构造的方法，而不是增加新的符号。或者也可以说一个结构化的数据对象就是一个独立的符号，由两种基本的比特符号通过新的结构扩展出了无穷无尽的新符号。当然，在计算机中数据状态的表达依托了实体世界里的光、电和磁存储器，科技发展的具体目标之一，是花费尽可能小的实体空间成本，来高效地记录尽可能多的虚拟比特状态。

在虚拟世界中，由8个比特构成的字节是一种最常用的新符号，它是计算机科学领域最基本的数据类型之一。数据类型是数据的容器或模具，在这个模具彼此邻近排列的8个空格里，具体填充了0和1以后，我们得到一个数据实例。例如，填充二进制比特后成为0100 0001，根据实际用途，它可以是代表数值的十六进制41H或十进制的65，也可以是代表非数值数据，即英文字符中大写的A。[4]

对于数值数据，电脑中的软件可以快速实现加、减、乘、除等数据运算，也可以实现比较大小和解代数方程等功能，这些软件的编写是基于尽可能高效率完成数值运算的数据算法的，对于非数值的数据，计算机科学家们也在不断研究高效率处理数据的算法,例如文本的排序检索、自然语言的分析和图像的识别比对等等。

1.3　数据的特征

数据"分子"由比特"原子"组成,数据化所聚焦的复杂对象是以数字化所关注的比特为基础的。作为虚拟世界中的分子单元,数据具有结构化、颗粒性、客观性、人工性、虚拟性、非排他性等特征。

1.结构化

从数字化到数据化,从比特到数据,我们使用的仍然是二进制的0和1。但是,我们关注的角度发生了变化。如同实体世界的分子科学那样,在虚拟世界,我们集中注意力去设计、去利用、去研究系统地组织起来的比特集合。为了更有效地处理数字比特,充分发挥其作用,我们规定了8个比特构成的字节(Byte)、2个字节构成的字(Word)、多个字节构成的在互联网上传递的IP网络数据包(Data Packet)等等,还有由其他类型数据组成的集合,例如,一维和多维数组(Array),可以自由定义的结构(Structure)、枚举(Enumeration),以及我们最常用的复杂比特集合体——数据文件(File)。

数据是比特的有序集合,是结构化的离散比特序列。固定的、有具体意义的结构是数据区别于原始的比特码流的最基本特征,把比特分割、排列并指定其含义的是人,将比特有机地组合在一起的内在力量来自人的智能。数据的内在结构是人的智能的客观表现。

在实体世界中,化学键将原子束缚在一起形成分子,能量势阱造就了千变万化的分子形态;在虚拟世界中将比特有序地组合在一起,去定义、去识别、去比较、去利用的是人的思维,其构造要素是我们智能中的认识势阱。只要连续的模拟信号被转换成了一连串的离散的脉冲比特,我们就必然地倾向于将其分组归类,按特定的、容易反复识别的结构去理解和记忆它们,以减轻我们大脑的负担,也便于将越来越多的这种负担转移、委托给电脑等智能设备。早在第一台计算机发明之前,从二进制的运算规律出发,基本的数据结构就已经为科学家所定义,如今它们通行于各种计算机编程语言中,从程序员到普通用户都能快速掌握,而不需要花费更多的成本去从头理解混沌的比特串流。

2.颗粒性

作为比特的有序集合,具体的数据不是比特流中的任意一个片段,它是一个完备的、相对独立的、有特定意义的整体。

从空间上看,数据化让原来连续的比特码流离散化、团块化、群组化,就像在从模拟到数字的过程中也发生了离散化一样。在这个新的离散过程中,逻辑意义上的线性被再次突破,我们得到自完备的比特集合——数据颗粒对象。

数据颗粒并不一定由同质的元素组成,它也可能包含异质的元素,当然这些元素本身又是数据对象。当我们声明一个数组时,就定义了一个同质元素的数据集合,数组中的每个单元都有相同的数据类型。例如,包含 6 个字符型数据的一维字符串数组;但如果我们定义的是枚举这样的复合数据类型,其中则有可能同时包含一个整型基本数据、一个时间型数据、两个字符型数据等;更复杂的是在面向对象的程序设计中,我们可以自由定义的“类”。一个典型的“类”中既包含数据又包含程序命令代码。在具体的应用中,程序对“类”中的数据完成操作行为。在另一个层面上,集成开发环境中(Integrated Develop Environment,简称 IDE,即程序员用于软件开发的系统和应用软件集合)构造的“类”本身也是数据——包括其中的程序代码。

随着信息化的深入发展,一方面模拟的资料正在数字化,另一方面数字世界中的一切正在变得越来越颗粒化,其背后是数据的颗粒性特征的具体表现。互联网上的网站常常包含一个或多个网页,网页一直被认为是构造万维网的基本单元。但如今我们很容易就能观察到,网页内容的组织呈现越来越清晰的颗粒性。在门户网站的主页面上,有不同内容专题的分区颗粒,其中又有多个文章标题超链接的颗粒;在 BBS(Bulletin Board System,即电子公告牌系统,简称 BBS)论坛首页中,有不同讨论主题分类的版块颗粒,一个帖子里也有主帖和评论的颗粒;在个人博客上,标题加内容摘要形成的数据颗粒,按时间倒序排列;在微博中,上限为 140 个字的数据颗粒更小,其内容传达也更清晰和简练;在微信里,人们不停地交换着从几秒到几十秒长度的语音数据颗粒,等等。很显然,在这些前端应用的后台服务器上,用程序把数据记录为标准化的单元颗粒并将其纳入数据库，远比把整个网页保存为一个内容杂乱的多媒体文档更方便维护与更新。

数据的颗粒性反映了我们改善信息生活的努力，所谓的信息“碎片化”为我们提供了更丰富的选择，这是一种进步，而非怀念美好旧时光的反智者所宣称的倒退。如同俗话所说的，“饭要一口一口吃”。没有人会把一碗米饭直接倒进嘴里，我们肯定要先用勺子或筷子将米饭分割成能放进嘴里的较小的单元。对很多人来说，读完一本书往往需要花费大量连续的时间，而读完一篇文章（博客）则要容易得多，尤其是当我们在网上浏览，看到一个感兴趣的主题，从蓝色的关键字链接点击进入这个博客的时候。在人们生活和工作节奏越来越快，时间越来越宝贵的社会中，微博开始大行其道，在车站排队、餐馆等人的时候很适合阅读一条或几条微博。滑过我们眼帘的每一个信息单元，都意味着我们的一项微小的成就，数据的颗粒化帮助我们营造了与真实生活现状更匹配的虚拟体验环境。

3.客观性

比特数据是客观的，它们并不是存在于人脑中的主观想法，而是被外化于信息系统等机器设备上。它们被具体地记录在半导体存储器、硬盘、光盘和磁带等物理介质上，表现为有序的微观结构。数据一旦生成，即成为独立的存在，不受人的主观思想意识影响。即使人类灭绝，部分记录数据的物理介质仍可以留存一段时间，另一种文明也有可能破译其中比特数据记录的信息，就像现在我们能破译上古文明留下来的文字一样。

无损复制这一特征是比特数据客观性的重要表现，虽然从严格意义上来说绝对的无损是不存在的。与之相反，我们头脑中具有主观性的思维则变动不居，无法形成精确的副本。从一开始，谈论数字化技术的优越性时人们就离不开无损复制，这是之前的模拟技术所不具备的，数字比特之所以有这一优势，是因为我们之前讨论过的——每一个比特单元都是记录的定性的状态，不是有就是无，不是开就是关，非此即彼。如果由于传输干扰或介质故障导致错误，那么仍然有纠错机制可以在很大程度上对其状态加以恢复。

虚拟世界中的数据是可复制的，但它和实体世界中的物品的可复制性有本质上的不同。在现代工业化社会，工厂流水线上可以大规模制造出看上去完全相同的物品，但我们知道，物质世界中没有任何东西是完全相同的。在虚拟世界，数据的原本存储在电脑的内置硬盘中，如果我们将这个数据文件复制一份到U盘上，那么它们会分别在两个存储系统中占据相同大小的逻辑空间，而且从抽象层面观察，二者的内容绝对完全一样，没有一个比特的差别。

如果你对电脑应用比较熟悉，相信你常会被亲戚朋友们问到这样一个问题："盗版光盘里的软件和原版、正版的软件是不是有些地方不一样？"在很多人的认识中，包装简陋、封面印刷粗糙的所谓盗版光盘，可能其软件质量和细节与放在印刷精美的大盒子里的正版软件存在差别。实际上，这是人们的一种错觉，因为他们把实体世界中仿造品的思维运用在虚拟世界的抽象对象上了（见图1.5）。在现实生活中，山寨的服装和运动鞋等产品无法在所有细节上做得和原厂产品完全一样，仿造的名牌包再好也不可能与正牌产品没有区别。但是在虚拟世界中，盗版软件与正版软件却是一模一样的，它们的每一个比特数据都是一致的。

图1.5 所谓的盗版软件光盘

当然，这种客观的、抽象的一致性我们无法直接验证，因为在早期的纸带、继电器和电子管计算机时代之后，人的感官已不能直接作用于比特数据。名牌皮包和盗版名牌包在细节上是否一致，我们可以去观察、去触摸，用我们的眼和手来辨识。但对于比特数据，我们就需要利用计算机这样的通用处理设备，通过人机界面来认识和理解数据所蕴含的信息和内容。就如同画家创作了一幅画作，画作的数字副本被大量生产和传播，每个副本都是完全一模一样的，但我们在获得副本之后，无法直接欣赏硬盘里的比特数据，只有在运用了计算机这种个人物质资产进行处理还原之后，我们才能在屏幕上真正欣赏到原始的画作。也就是说，卢浮宫里展出的一幅画布上的画作的所谓数字副本，是用比特数据对其做的精确描述，描述原始画作的比特数据可以大量复制而没有任何差别。但是，如果远在地球另一端的我们想要真正欣赏到它，那么我们就需要投入设备硬件和软件成本,并且可能还要付出额外的很多代价才能将其呈现在自己的电脑屏幕上,但其与画布上的物理的原始画作并不是一回事。

4.人工性

比特数据是人为的。从数据发生的角度看,数据具有人工属性。单纯物质和能量在自然界里无法产生数据,需要人通过实践去运用能量、去改变物质,数据才能形成。人在有意识的行动中去设计和定义物质的状态,去直接或间接地改变物质的状态,这样才有了数据。因此,数据是由人来直接或间接地认识、理解和运用的。

计算机、互联网上每一个具体的比特数据的产生,都直接的或间接的来源于人。考虑一下我们今天在日常生活中的活动,当我们使用电脑进行文字处理时(例如,笔者撰写本书的内容),每一次敲击键盘,都有至少两个字节或16个比特(中文字符)的文本数据产生,这是全新的数据的诞生;除了使用键盘,我们使用鼠标的单击和双击操作都会向系统传递数据,甚至单纯的移动鼠标也会留下数据痕迹;我们对着嵌入在笔记本电脑里的麦克风说话录音,就会有大量音频数据在内存中生成;如果这时我们是在使用笔记本电脑与远处的朋友进行视频通话,笔记本电脑上方的摄像头也会连续采集我们的动态画面数据,并通过数据通讯网络(互联网)传递到另一台数据终端。今天,除了个人电脑之外,全世界有更多人使用智能手机,除了以上所有生成数据的途径之外,智能手机里还有全球定位天线(GPS)、近场传感器、加速度传感器和陀螺仪等多种器件,只要手机通电开机,这些传感器每一刻都在产生与手机使用者相关的数据。

数据由人来自发地和主动地利用——通常不是直接操作,而是经由机器间接使用。早期的计算机使用纸带向机器输入数据,当时的程序员可以通过在纸带上打孔以机械形式直接操作数据。从那以后,计算机的核心组成单元从继电器、电子管发展到半导体晶体管,如今我们所有的数据操作都无法直接实现,因为半导体电路的集成度迅速提升,其增长率基本是按照摩尔定律发生的——即每过18个月,同样尺寸的芯片上容纳的半导体晶体管的数量就增加一倍。到21世纪的第二个十年,半导体晶体管的尺寸就会达到几十纳米甚至几纳米的数量级。就像我们总说的存储数据、处理数据和传递数据,我们所做的,仅仅是按按键盘、点点鼠标，每一个操作都要依赖计算机系统的硬件和软件，经过大量复杂的步骤去操控微观的物理单元的状态，以此来改变数据。

人工生成的数据是一种抽象的存在，任何比特数据的表达都要依托物质（即能量）。因此，随着其承载物质的变化，数据也有可能会损坏或丢失。数据记录介质会出现损伤，当数据的损失发生在可控的范围内时，数据仍然可能被恢复。因为几乎所有的数据在保存时都是有冗余的，附加的校验数据能够验证数据是否一致，并能帮助我们修复损坏的数据。但当损坏程度过于严重时，即使有冗余的校验数据也无法恢复。

在数字化发展的早期，用户使用 DVD 光盘时总是非常小心翼翼，因为其镀膜的表面极易受损，DVD 播放机在读取损伤的 DVD 光盘时，用户总是体验到卡、顿、刺耳的伴音和画面中杂乱的马赛克这些状况。这也是为什么在很短的时间内，人们纷纷转而使用移动硬盘或半导体闪存盘来保存视频。在软磁盘和硬磁盘上存储的数据，如果暴露在强磁场或 X 射线之下，也会出现数据损坏。人们也以数据备份、数据分享、磁盘镜像等方法来应对可能的意外造成的数据损失。

当然，数据也会被人为篡改、伪造。由于最常用的文本数据文件格式过于灵活，任何人都能自由地修改其内容，所以 PDF 这种数据文件格式才会出现，通过锁定文档的内容和版式来增强其在人际活动中的信度。但加密的 PDF 文件仍然可以被轻易地破解，尽管有很多在互联网上流传的 PDF 文件是锁定了用途的——即生成和发布文件的人将该文件设置为禁止文本复制、打印和编辑，但是对于掌握了相关知识的人来说，复制内容、打印和编辑 PDF 文件都是轻而易举的。

人为删除数据也不罕见。很多人都有过意外将自己电脑中重要的照片、文档或书稿等删除的沮丧经历，由于这些个人的媒体数据经常只有一份，所以一旦删除就没有原本了。在互联网这样的数据通讯平台上流传的数据往往有多个副本，但这也不能保证具体数据文档的所有副本不会被彻底删除。近年来，由于互联网的传播威力显现，很多企业致力于消除本公司在网上的负面新闻，因为这些新闻可能带来巨大的消极后果，影响企业的公众形象和商业利益。如今，甚至有很多企业委托专门的公关机构，买通主要门户网站和网络数据中心的网络管理员,让其帮助它们删除网络服务器上的指定网页。虽然主要网站的网页内容一旦上线,就会被多个搜索引擎的爬虫复制到自己的数据库中,进而迅速形成大量的数据副本,但是理论上还是可以清除所有的指定数据的,只要出现负面新闻的网站页面还没有被国际主流搜索引擎的爬虫访问。极端情况下,企业甚至可以雇佣黑客远程删除发帖的原作者联网电脑中文稿的原本。

因为数据必然是在人这样的智能生物出现以后产生的,所以,在人类进化成功之前的地球这个自然界中是没有数据的(虽然科幻小说会让我们思考外星智能在此留下痕迹的可能性)。同样道理,数据也不是永恒的。有人宣称互联网上的数据能永远存在,这是一种错觉,一次行星级的巨大灾变导致的物质能量巨变,就可能消除所有人为的数据。认为数据量是无限的也是一种错觉,虽然互联网上的数据量每一秒都在迅速增长,而且是以指数量级的增长率加速膨胀,但是在一个特定的时间点,我们所拥有的所有数据必定是有限的。虽然我们暂时没有办法将这一数据量的大小快速并准确地统计出来。

5.虚拟性

比特是虚拟的,作为比特集合的数据也是虚拟的。比特数据对象不是实体,它们不是物质本身,只是物质的抽象状态。一个处于通或断的状态的继电器记录了一个比特,八个处于通或断的状态的继电器记录了一个字节的数据,但继电器不等同于比特,它们只是承载抽象状态的具体物理介质。就比特数据与物质能量的关系来说,改变物质的状态是需要消耗能量的,也有相应的轻微物质损耗。

我们登录亚马逊网上商店,电脑或手机屏幕上罗列的林林总总的商品其实都是比特数据的呈现,这些商品的图片与描述信息等都是在企业的数据库里,与世界上最大的超市连锁企业沃尔玛不同,世界上最大的网上商店亚马逊并不需要实体店铺的货架向客户展示其有限的商品,亚马逊的网上货架能放置的商品应有尽有,因为那些是赛博空间里的虚拟的比特数据[5]。

数据,在很大程度上是实体世界对象的映射,虚拟世界和实体世界存在映射关系,这种映射是双向的,在专业术语里被称作输入和输出。就输出而言,音箱将数据映射为实体世界中的声音;屏幕将数据映射为实体世界中的光影;文件打印机将文本和图像数据映射为纸张上面的四色油墨;3D 打印机将三维模型数据映射为立体的实物。

虚拟世界中的数据还能表现其他的东西,这些是实体世界所没有的。

数据化的发展趋势是,虚拟世界独有的、自为的比例越来越高。现在的数据计算、数据存储和数据通讯大多数都是在人的主导干预下进行的。未来的数据应用将会更智能,数据在存储时需要更少人工的拷贝和粘贴,设备会自行计算和判断如何工作,并以现有数据为基础生成新的数据,机器和机器之间自动的数据通讯量将远大于人与人之间的通讯量。

因为比特数据的虚拟性和人为特征,所以把虚拟世界里的数据看作矿藏是错误的,所谓"数据挖掘"这样的概念是存在严重缺陷的。矿藏是自然的产物,是物质实体,人通过对自然界中无主矿藏的排他占有形成私有财产。但数据不是自然的产物,任何数据都是直接或间接地来源于人,因此有些人宣称独占自己挖掘到的数据,这样的说法是荒谬的。宣称拥有某些特定数据的所有权也是不成立的,无论这些数据是某人通过"数据挖掘"收集到的,还是自己在键盘上逐字逐句输入的,都无法改变数据是虚拟的这一本质特性。

6.非排他性

从数据利用(即人和数据的关系)的角度看,数据具有非排他性。从人的尺度看,我们对数据的利用是非排他的,也就是说,当我在使用一个数据对象的时候——例如,阅读一本电子书并不妨碍别人使用完全一样的数据副本——即阅读那本电子书的拷贝文档。

数据是物质的排列状态,数据具有非排他性,它受虚拟世界独特的基本定律支配,不可对其简单套用实体世界的物理定律。数据不是物质本身,而是物质的状态,是人为设定的物质状态,是虚拟的、抽象的对象。某人占有某些数据这样的概念是无意义的,没有什么数据所有权。实体财产私有权的基础是物质的稀缺性、排他性,作为虚拟对象的数据是非排他的,所以不能把财产权利概念移植过来。

物质具有排他性,这是由实体世界的基本定律决定的。音像店里的录像带、光盘是实体对象,如果我买下一份光盘或把它租借走,别人就无法获得这一实体财产,这是物质的排他性所限定的;光盘的租用者在自己的电脑上复制光盘的内容,如果他按照契约归还了实物的光盘,他就没有侵占他人的实体财物,因为他拥有光盘内容的副本数据,只是表现为他自己拥有产权的硬盘上存储单元的微观排列状态变化,并不影响音像店收回的原光盘的使用;视频网站上提供的影片是虚拟的、抽象的数据对象,我点播观看,别人也能点播观看,这是数据的非排他性所支持的。

熟悉电脑应用的人可能会以数据锁定来否定这个性质。所谓数据锁定,通常指的是团队协同在线工作的时候,如果多个人试图同时编辑服务器上的同一个文件,这个文件的数据会被锁定,在某一时刻只能让一个人独占修改,其他人暂时不拥有访问这一数据对象的"权限"。但这里的文件数据的排他利用,实际上是人为主观设置的,并非数据的客观属性。给访问信息系统的人分配不同的数据读、写、删除和修改权限,这种对数据的控制是人为设定的,所以不是数据的基本性质,只是人的能力有限的反映。当更新的技术、更新的协同模式出现以后,多个人同时行使访问服务器上同一个文件的权限,分别对文件数据进行编辑操作也是可能的。

1.4 数据化的提出

数据化(动词为 Datumize,对应名词为 Datumization),是将均匀、连续的数字比特串流结构化和颗粒化,以更开放的、用户友好的方式记录、处理和传递数据。推动数据化,就是致力于把人的文明成果统一于比特数据,让每个人的智能更充分地释放,帮助人们更快、更广泛、更深入地创造新的价值,让外化于虚拟世界的人的智能获得更有效、更长久的利用。

数据化是中文里独有的一个重要概念,它是在电子化、信息化、计算机化和网络化等术语之间自然出现的,但这一术语最早由谁提出早已无法考证。

在国外的文献中,数据化的概念尚未真正形成,与数据化相关的像样的理论还没有被正式提出,但是在具体应用中,很多企业和机构对数据已经非常重视。例如,2005 年 11 月,在杭州与香港两地联合举办的"21 世纪的计算"大型学术研讨会上,微软提出了"以数据为核心的计算"这一理念;2009 年初,奥巴马总统上台后不久，为了落实其变革、透明的施政理念，美国政府推出了新的“数据”网站（DATA.GOV），向公众提供开放的信息服务。

虽然近年来“数据”这一研究对象越来越受人们重视，但是目前在西方理论界仅有“大数据（Big Data）”、“以数据为中心的……（Data Centric…）”、“基于数据的……（Data Based…）”或“面向数据的……（Data Oriented…）”这样的含混表述。对数字化进程中的一些明显矛盾的现象及其背后的本质，相关著述中则缺乏准确的分析和精炼的概括。在“大数据”这样的概念被提出来以后，绝大多数的关注焦点仍然集中在统计学领域的数值分析上。在赶“大数据”时髦推出的一系列书籍和文章中，关于“数据”的概念极度混乱，时而强调量化的重要意义，时而迷失在信息公开的浅薄宣扬中，拿“大数据”说政府、说企业的人很多，但很少有人在厘清概念的基础上，首先明确数据化对于个人、对于社会的重要意义。

因为数据化一词原仅见于中文里，所以，本书中根据构词法造出来一个新的英文单词——Datumize，这个单词来自于大家熟悉的复数数据 Data 这一单词的单数形式 Datum。虽然中文文献中“数据化”这一专业词汇已经出现多年，但到目前为止，国内专业期刊中也仅有关于数据化的简单表述，还没有完整的定义和与之相关的系统的完备的理论体系。而且在很多文章里，数据化的概念经常与量化、数值化的概念相混淆。

除此以外，目前在国内的文章中，“数据化”与“数字化”的关系也没有被明确界定。实际上，数据化和数字化不是对立的。数据化这一概念的提出不是对数字化（Digitalize 或 Digitalization）的否定，而是在对数字世界的认识逐步深化的基础上，对数字化理论的拓展与推进。

数据化是数字化的子集，数据化是数字化进程中的一个方向。数据化是内生于数字化的，就像半导体化内生于电子化，就像“数字的”内生于“模拟的”，就像活字印刷术内生于印刷术。在人类文明史中，活字印刷取代印刷术发展早期的雕版印刷，将中文里的汉字、英文里的字母和单词分离出来，成为可以自由组合的、在各种具体的文本中通用的独立颗粒，这一拓展革命性地提升了印刷的效率，带来了印刷成本的大幅度降低。在早期印刷术发展的基础上，活字印刷这一伟大发明带给我们更多的灵活性、更大的选择空间，推动了社会上知识的传播与普及，加速了人类文明的进程。而数据化的社会意义和经济价值正是与它非常相似的。

在电子化的时代，从“模拟的”转向“数字的”是一个巨大的飞跃。数字化是通过对连续时空对象进行离散化实现的。在此基础上，对串行的、均匀的、连续的数字比特流进行分割与组合，使之实现时空上的结构化和颗粒化，形成标准化的、开放的、非线性的、通用的数据对象，这个过程就是“数据化”。

不同于数字化，数据化的关注焦点更多地集中在数字比特更复杂、更高级的组合形态上。数据化基于由数字比特构造形成了种类丰富的复杂对象——数据。数字化对应的基本单元是比特(bits)，数据化的典型对象则是面向通讯、计算与存储等应用的数据包(packet)、类(class)和文件(file)等。

基于上述对数据化概念的总结，笔者按英文构词法，添加了维基辞典词条 Datumize[6]，对应中文的“数据化”。同时，也在维基百科添加了以下“数据化”中文词条[7]：

数据化

数据化是将均匀、连续的数字比特结构化和颗粒化，形成标准化的、开放的、非线性的、通用的数据对象，并基于不同形态与类别的数据对象，实现相关应用，开展相关活动。

数据化是中文中独有的一个重要概念，它是在电子化、信息化、计算机化和网络化等术语之间自然出现的。在很多地方，数据化的概念经常与量化、数值化等概念相混淆，但实际上在这里，数据不是指狭义的数量值，而是指可以对应于各种信息对象的，数字比特的结构化集合。

数据化与数字化

数据化和数字化不是对立的。数据化这一概念的提出不是对数字化的否定，而是对数字化的拓展与推进。数据化关注的焦点更多地集中在数字比特更复杂、更高级的存在形态上。数据化基于由数字比特组合形成的客体——数据。数据是所有数字比特对象的子集，数据化是数字化进程中的一个方向。

数据化是内生于数字化的，就像半导体化内生于电子化，就像“数字的”内生于“模拟的”，就像活字印刷术内生于印刷术。在人类文明史中，活字印刷取代印刷术发展早期的雕版印刷，将中文里的汉字、英文里的字母和单词分离出来，成为可以自由组合的、在各种具体的文本中通用的独立颗粒，这一拓展革命性地提升了印刷的效率，带来了印刷成本的大幅度降低。在早期印刷术发展的基础上，活字印刷这一伟大发明带给我们更多的灵活性，更大的选择空间，推动了社会中知识的传播与普及，加速了人类文明的进程。而数据化的文化意义和社会价值正是与它非常相似的。

在电子化的时代，从"模拟的"转向"数字的"是一个巨大的飞跃。数字化是通过对连续时空对象进行离散化实现的。

典型的数据化对象

数字化对应的基本单元是比特(bits)，数据化对应的典型对象则是字节(bytes)和字(words)。其他基本的数据类型还有布尔、双字、整型、浮点型等，而复合的数据类型则有数组、结构、枚举、联合等。对应于通讯、计算与存储等具体应用，我们有复杂的高级数据对象，它们是数据包(packet)、类(class)和文件(file)等。

参见

数字信号

二进制

第 2 章 数据化与数字化的关系

1943 年,IBM 公司的霍华德·艾肯发明和制造了采用继电器作为基础元件的第一台通用电子计算机——自动序列控制计算机(Automatic Sequence Controlled Calculator,也被称为马克一号)。如果以现代电子计算机而不是基础数字电路的应用来算的话,信息科技引发的变革可以说是从那时开始的。[8] 如今,我们处于数字电路、数字电子计算机和数字通讯网络支撑的全面数字化的进程中,数字化的影响已经遍及整个社会的每一个角落。现在没有人否定数字化的重大影响,甚至我们已经听不到讨论数字化的声音了。但很少有人反思,我们为什么要数字化?我们究竟正面对着什么样的数字化?怎样使数字化合理地向前发展?只要是数字化的,无论它将我们引向哪里,我们都应该欣然接受吗?

对这些问题的不同回答,决定了我们对数字化世界中不同方向的选择。这些不同的数字化方向,分别预示着社会的不同未来,而且朝这些不同方向起作用的力量,已经在我们生存的环境中产生了不同的影响。

2.1 数据化与数字化不是对立的关系

如果把数字化比作基于现代交通工具的货物运输体系,那么数据化则相当于几十年前才发明的集装箱物流。1956 年,美国企业家麦克莱恩发明的集装箱装船起航,原来杂乱的散货进入了标准化的集装箱。集装箱尺寸均一,适合集中分层码放,既有利于人工向其中装载货物,又适合机械操作。从那一年开始,不仅人类的航运业进入了一个新的时代,就连整个现代物流运输体系也被重构。如今,远洋集装箱船成为长距离大宗货物运输的首选,集装箱码头也成为海港城市货运吞吐的标配,货运汽车与货运火车也早已与集装箱兼容,集装箱货运卡车和集装箱货运火车分别在高速公路和铁路上往来奔驰。集装箱来源于一个结构化集合的理念，即把多种多样的货物放入颗粒化、标准化的长方形金属箱中运输，仅仅基于这样一个简单的理念，在短短的几十年里，世界贸易和经济体系因此而发生了翻天覆地的变化。

如果说数字化的诞生相当于历史上印刷术的发明，那么数据化则将这一发明推进到了活字印刷的新阶段。印刷术的发明让文明成果可以大量复制，但是在印刷术应用的早期，手写、手抄的惯性思维仍然在延续，由于手写、手抄的书籍是一页一页的，所以人们对印刷复制的认识始终停留在雕版整页印刷的阶段，直到活字印刷术被发明出来。这样出版机构可以灵活排列字模迅速制版，印刷完一版书籍后，所有的字模可以打散重复使用，这一技术的进步让人类传承文明成果的能力实现了一个巨大的跨越。

和印刷术的发展进程不同，数据化对于数字化的意义并不仅限于提升效率。数据化将保存、处理和传递数据的技术工具交给每个人，它相当于让每个人都能用活字制作书版，可以自己印刷而不再交给印刷厂，可以自己传播发行而不再依赖出版社，让创造知识、传承文明成果和推进文明发展的强大力量分散到大量的个体手上。

由此可见，数据化与数字化并不是处于对等地位的，数据化是数字化的子集。在数字化中，有数据化的和非数据化的（或者说数据友好的与非数据友好的）不同发展方向。如果一家企业对数字化的理解，仍然停留在串行的、线性的、均匀连续的、非结构化的、封闭的和专用的旧思维层面，其注意力仍然放在线路、通道、流、轨等概念上，那么即使它声称自己全心全意拥抱数字化，但它仍然没有理解信息科技带来的变革的真正意义，也无法从原始的数字化向前迈进到数据化的新阶段。这些束缚其手脚、阻碍其继续向前发展的旧思维，部分来自上一代模拟技术的延续，部分来自企业出于技术保护主义目的的对外商业宣传和自我麻醉。在其背后，则隐藏着属于技术哲学和技术伦理基础范畴的一些核心问题。

企业在这些关键问题上的认识是否正确，往小里说，会影响研究方向的确立、生产目标的定义、技术方案的选择、系统的规划设计、产品开发的选型等各个方面；从大的格局看，会影响和决定企业、行业的生死、兴衰，甚至关系到社会整体科技发展战略的成败。

2.2　数据化是数字化发展的新阶段

原始的、初级阶段的数字化还远远不够，还需要更进一步将其推进到数据化。在 21 世纪第一个十年里，一次巨大的数据化变革已经在我们身边发生——用作基本数字通讯的功能手机迅速被充当通用数据处理平台的智能手机替代。如果你亲身经历了这一过程，如果你意识到自己使用手机上的“移动数据”网络、“蜂窝移动数据”网络和 WiFi 网络的时间远比打电话发短信多得多，那么你就会很容易理解数据化超越数字化的重要意义了。除了手机，我们在日常生活中见证的很多变化都在昭示着社会正在进入一个新的发展阶段，虽然大多数人仍然没有意识到这一点，但是这些变化的背后都是数据化在起作用。

MP3 迅速淘汰音乐 CD（Compact Disc）是这些变化中最典型的案例之一。20 世纪八九十年代，在黑胶唱片、模拟录音磁带逐渐淡出历史舞台的时候，数字激光唱盘 CD 在全世界都受到人们的热烈欢迎。CD 是数字技术在音乐领域的最早应用之一，该产品起源于 1974 年荷兰的飞利浦公司和日本的索尼公司联合发布的音频激光唱盘（Audio CD 或 CD-DA，即 Compact Disc-Digital Audio）。在 CD 上，每一支乐曲、每一首歌曲都以数字音轨的方式记录，数字音频拥有无损复制和数字纠错等优点，所以其很快就成为了模拟录音磁带、黑胶唱片的最佳替代品。但这种原始的、初级的数字化应用并没有兴盛多长时间。1991 年，德国埃尔朗根的研究组织 Fraunhofer-Gesellschaft 的一组工程师发明了 MP3，他们基于MPEG-1视音频标准推出了这种新的音频数据压缩记录格式。从那时开始，音乐出版商发行的 CD 音乐逐渐被转录为 MP3 音频数据文件——即数字音乐被数据化了。音乐爱好者们热衷于分享 MP3 文件，人们越来越少购买音乐 CD。虽然转录后的 MP3 音乐因为有损压缩，其声音质量与 CD 比通常有所下降；虽然与只售一两百元的便携 CD 播放器相比，同期的便携 MP3 播放器的价格高达一两千元；虽然音乐出版商和创作者不断地发起法律诉讼，要求抓捕和关押提供 MP3 分享服务的网站运营者，但是 CD 向 MP3 这种数据格式转移的社会趋势仍然无法阻挡。

同样的数据化变革在DVD(Digital Video Disc或Digital Versatile Disc)光盘身上又精确地重演了一次,准确地说,加上正在没落的蓝光盘是重演了两次。DVD光盘外形和音乐CD光盘基本一致,其直径均约为12厘米。但和音乐CD不同的是,电影作品的发行商为了保护其利益,还对DVD和蓝光盘做了多重数字加密。光盘中既有对发行区域的锁定,也有对音视频信号的扰码。DVD区域码对应于电影发行商划定的全球六个地区,在所有DVD播放机、DVD光盘驱动器和DVD光盘上都有区域码的限制性设置,每台DVD播放机只能播放对应区域码的DVD光盘,若放入其他区域码的光盘则无法播放。音视频信号的扰码是由多家企业发起的DVD标准组织——DVD论坛所规定的,按照这一企业组织的要求,所有被制造的DVD播放机中都需要有视频加密系统(Content Scrambling System,简称CSS),以确保其输出的信号不会被正确地复制,但这些加密会很快被黑客破解。1999年,三位程序员开发出了DeCSS软件,并开放了该软件的源代码,之后很多个人和企业参考这一源代码开发了大量同类破解和播放软件。采用这些软件,在发行商推出影片的DVD视频光盘版本或蓝光盘版本之后没多久,人们就可以在电脑上的DVD光驱或蓝光盘光驱中读取、解密盘片中的内容,并将其转为视频数据文件——即数字视频被数据化。不仅光盘上原有的区域锁、扰码等限制被清除,其中的内容还会被从原来的MPEG-2编码格式转换为其他更高效率的音视频编码格式,而且其所占据的数据存储空间更小了,也更容易通过移动存储设备及计算机网络自由传播。

我们身边的另一个数据化现象发生在数字电视这种典型的、处于数字化初级阶段的媒介身上。海外电视剧爱好者们都知道,美国、英国、韩国和日本等国家的电视剧基本上都采取每周播出一集的发行模式,其他国家的观众由于不是相应的有线数字电视、地面无线数字电视或卫星数字电视频道的付费用户,所以他们根本没办法第一时间在本国看到这些国家播出的节目。很明显,所谓的数字电视系统仍然延续了模拟电视系统的传播体系和服务模式,这一系统所体现的陈旧的思维观念,证明传统企业仍然没有准备好接受数据化的现实,它们所谓的模拟电视的数字化,仅仅是把模拟电信号转换成了数字脉冲比特序列,其他什么都没变——甚至更坏,因为额外增加了一个既耗电、连接又复杂的机顶盒。数据化带来的是真正的变革,其过程就是在每个播出季,每当广受企盼的电视剧在欧美、日的数字电视网络中播放完一集，就有人把数字电视信号录制到自己的电脑硬盘中，除了保存视音频文件之外，电视广播中为听力障碍人士保留的隐藏字幕（Close Caption，简称 CC）也被记录下来。转录好的视频数据文件和原视频的字幕文件被放在开放性论坛里供人下载，其他国家的民间影视剧爱好者小组则会组织人员立刻把字幕翻译为本国语言并发布到互联网上——这就是数字电视被数据化。这一社会中自发组织起来的数据化行动不仅能"解放"数字电视网上播出的电视剧、电影和纪录片，甚至还扩展到了电视娱乐节目、新闻节目、脱口秀节目和广告等。

活跃于互联网领域的谷歌也把人们对电子书、数字图书的利用直接提升到了数据化的层面。谷歌于 2004 年 10 月在法兰克福宣布实施谷歌图书计划（Google Print），该计划致力于将公有领域的书籍和其他不受版权限制约束的书籍扫描存储，供全世界读者阅读。在这一工程中，用于翻拍的照相机一小时可以拍摄 1000 页，谷歌曾经声称每天能扫描 3000 本书籍。到 2008 年，谷歌图书系统中已有 700 万本书籍可以被检索，其中超过 100 万本可以全文浏览。这一计划所做的不仅是将书页数字化为黑白或彩色图片，而且谷歌还将书中的内容通过光学字符识别将其转换为文本——即纸质书籍的直接数据化。被记录于谷歌的大型数据库中的这些文本可作语义分析，读者可以从内容全文中检索关键词，快速定位到自己感兴趣的那一页，而无需再一本一本地浏览。这一数据化举措不仅令作为人类文明重要成果的书籍体现了更大的价值，也同时支持了谷歌持续改进优化谷歌翻译系统、谷歌输入法和谷歌搜索引擎等产品，让用户在使用这些产品时获得更为完善的服务。[9]

从初级阶段的数字化跨越到高级阶段的数据化是信息科技进步的必然要求。仅仅把模拟电信号转换为比特数字的电脉冲并不能万事大吉，在竞争激烈的市场中，这种认识对于企业来说甚至是性命攸关。现实的教训就集中发生在日本的几家高科技公司身上。21 世纪初，索尼、松下、夏普和 NEC 等大型跨国企业逐渐走向穷途末路，根本原因就在于它们普遍缺乏数据化这一战略眼光，错过了数据化的重大机遇。它们盲目地走到了数据化的对立面。

2.3 数据化的真正对立面

曾经在电子科技领域如日中天的几家日本大型跨国企业，到 21 世纪的第二个十年似乎都风雨飘摇。[10]索尼公司在 2011 年 4 月到 2012 年 3 月的财年里净亏损 5200 亿日元(约合 64 亿美元)，这已经是索尼公司连续四年亏损了，也是其成立以来的最高亏损纪录，四年总亏损额累计高达 9193 亿日元(约合 113 亿美元)。在以 2013 年 3 月为界的 2012 财年短暂盈利之后，索尼的业绩继续下滑。2013 财年里，索尼公司净亏损 1284 亿日元(约合 11.88 亿美元)。在 2014 财年，索尼公司的亏损额仍达到 1260 亿日元(约合 10.5 亿美元)。

在全球电子产品市场蒸蒸日上的同时，其他著名的日本大型电子企业也先后步入衰退阶段。松下公司在 2012 年 4 月到 2013 年 3 月的 2012 财年亏损 7542.5 亿日元，这是继上一财年亏损 7721 亿日元之后，连续第二年出现的大幅亏损。2015 年 1 月，松下公司关闭了其建在中国山东济南的一家主要生产液晶电视的合资工厂，此前几年中，松下公司已关闭了其在中国建立的等离子电视工厂，这意味着在激烈的竞争面前，松下公司的制造部门已经全面退出中国；夏普公司在 2011 年 4 月到 2012 年 3 月的 2011 财年出现了 3760 亿日元的赤字。在 2014 财年，该公司亏损 2223 亿日元(约合 16.7 亿美元)。通过资产重组和关闭工厂，夏普公司要裁减约 5000 名员工，公司资本将缩减到 1 亿日元，即瘦身为资产不足 100 万美元的中小型企业。除了上述公司之外，日立、东芝、三菱、日本电气等曾经显赫一时的日本家电的代表性企业，近年来也都相继陷入经营困境。

这些企业毫无例外都在生产数字化的新潮高科技产品，而且它们的全面退步，是在全世界电子通讯与信息科技消费品市场蓬勃兴盛、快速扩张的时候出现的。行业观察者不断撰文分析日本跨国电子企业中的这些昨日巨星缘何陨落，专家们给出的原因多种多样，既有日本家电企业战略决策的失误，也有它们生不逢时，遭遇互联网技术的快速发展、国际经济产业格局的变化，以及具有后发优势的美、韩、中等海外电子企业的全面夹击等。在笔者看来，日本电子企业始终抱残守缺，技术战略完全基于线性思维制定，如果它们发现一条路的起点是合理的，就保守地认为继续沿着这条路走下去不会出现问题，导致企业在一条道路上走到底，根本不知道转换范式，更无法跳出固有的技术逻辑，甚至直到今天，我们都不能确定这些跨国企业的管理层是否意识到，他们的数字化完全走错了方向，而且是完全走到了与数据化对立的一面。

如《数字化生存》所述，这样的重大失误，历史上在日本电子产业界已经发生过一次[11]。早在20世纪70年代初，在广播电视设备和消费电子产品领域占尽先机的日本企业家就未雨绸缪，争取提前占据下一代技术的制高点。他们认为在电视由黑白转为彩色之后，紧接着在用户中间将会出现对电影般更高画质的需求。在已成熟的模拟电子技术的基础上，日本企业开始研发模拟高清晰电视机——Hi-Vision，并在其后的14年间推广建设模拟高清晰电视广播和传输系统。今天这些走向衰败的日本大型电子企业，在当时也是信誓旦旦地表示要全力支持模拟高清晰电视，并且在其研发过程中浪费了大量的资金与人力。他们压根没有认识到，当时的数字电视技术已经开始成熟。更重要的是，正是从20世纪70年代开始，作为数据化典型代表产品的个人计算机也开始在全世界普及。

在1991年，美国企业仅仅是提出数字电视的方案，并未有什么像样的商用产品和正式组网，就让日本的模拟高清晰电视发展计划遭到了彻底的失败。美国的通用仪器公司是数字电视标准的早期推动者之一。当时，美国的主要电视生产企业如西屋电气、RCA和安培等公司早已在与日本电子企业的市场竞争中落于下风。而且，美国的电子产业界甚至压根就没有能与日本电子行业相匹敌的研发基础和生产积累，它们只是在合适的时间指出了合理的方向——数字电视，就让日本电视技术行业满盘皆输。

从表面上看，当年在模拟高清电视上押错宝、遭遇重大挫折之后，日本电子企业都积极投身于之后的数字化大潮中。它们设计了多种数字音视频格式，发起和制定了DVCPRO、DVCAM和蓝光盘等数字标准，生产了大量新颖的数字化产品。但这些日本的大型跨国企业对数字化的理解，仍然停留在串行的、线性的、均匀的、非结构化的、封闭的和专用的层面，其注意力仍然放在线路、通道、流、轨等概念上。在以“数字化”为金字招牌的卖力推广中，日本电子企业没有发现，它们其实又一次陷入了重大战略失误之中，这一可能导致灭顶之灾的严重错误，是由其对信息科技本质问题的狭隘理解造成的。在人类科技发展过程中，这种被麦克卢汉称为“后视镜”的现象比比皆是。例如，在有线电报之后的通讯形式被称作“无线电”，在太空飞行器出现之后，人们把新发明的装置称为“飞船”和“太空船”。认识上的惰性把这些非线性的、跨越式的质变矮化为现行技术的线性的、增量式的改进，这些陈旧的思维和看上去光鲜亮丽的数字化噱头结合在一起，成为日本电子企业长期坚持错误的科技战略的顽固基础。

没有人否认，这些日本的大型广电企业所死抱着不放的反数据化的标准、格式和产品也具有很多优点，就像 DVD 那样，它们使用简便、稳定性高、安全性好等。这些在过去、现在和将来都会被这些企业极力强调，但它们在可扩展性、兼容性、互操作性等方面远远落后于数据化的系统。短期内，某些非数据化的产品初始生产成本较低，但由于其标准的不兼容和技术的封闭，导致用户必须为其配件、升级、维护和其他各种相关服务付出极为高昂的代价，其长期应用成本是与数据化系统无法比拟的。所以，无论是 DVCAM、DVCPRO，还是 Betacam SX 或 XDCAM，这些非数据友好的数字视频格式标准，必然被 AVI、MP4 这样的数据视频格式标准替代；而 CD、MD、DAT 这样的数字音频格式，其生命力也无法与 MP3 等数据音频格式一较短长。

像这些日本企业那样基于陈旧的思维应对现实问题，就好像在建房子的时候使用泥土垒墙、用混凝土浇筑，或是在建设道路时使用柏油铺地。这样的工程方式不支持大规模标准化现代作业，完工后在维护的时候工序繁复且技术要求高，结果也只能是打些丑陋的补丁，或者是整体推倒重来；基于新的思维应对同样问题，就如同在建房子和修路的时候使用标准尺寸的石块或砖块，或是采用工厂生产的混凝土预制件拼接，不但建设的效率更高，而且其维修成本也远低于传统方式，更换损坏的标准件通常只需要几个低技术工人，以及简单的工具。

数据化的背后是具有突变本质的理念，是一种全新的思维，这一思维植根于以数据为核心构造虚拟世界的技术哲学和数据友好、数据自由的科技伦理，反映了现实世界对信息科技应用的非线性、标准化、透明和开放的诉求。与此相对，虽然很多当代科技产品披着光鲜的数字化外衣，但是其中包裹的仍是来源于模拟时代的陈旧的线性思维，它们所致力打造和顽固维护的是封闭的、不兼容的原始观念体系。数据化带来真实的价值,不仅为人们提供短期的、眼前看得见的利益,更能让他们长远受惠。非数据化的产品和应用则忽视了这一点,或者是盲目追求新奇特,或者跟风山寨,或者表面宣传是一切为了用户,而实际上则轻视用户的价值,根本没有处理好企业的利益与用户利益之间的关系。企业在实施这种基于旧思维上的原始数字化时,其浪费宝贵资源打造的封闭专有的架构、流程、技术路线和产品战略看似挡住了别人,实际上是在自己周围垒了一圈一碰就倒的高墙,一不小心,企业就会被坍塌下来的砂石埋葬。

第3章　数据化与大数据的关系

数据化中的"数据"并非大数据中的那个"数据"。大数据关注的是统计学在现代信息科技环境中的具体商业应用;而数据化关注的则是数字化进一步发展升级的方向,是信息科技对社会经济生活各领域的重大影响与颠覆性意义,是一系列更基本的技术哲学和技术伦理问题。

3.1　大数据实际上就是大统计

大数据中的"数据"指的是数值、量值等;数据化中的"数据"是指数字比特的结构化的集合。

在论述大数据的两本主要著作《大数据》(涂子沛著)和《大数据时代》(舍恩伯格与库克耶著)中,都没有明确地对"数据"下一个定义。但从书中讨论的内容来看,他们基本上都是围绕数量的记录保存、量值的比较、数值的变化趋势展开的。

例如,在涂子沛的《大数据》一书的开篇,就引用了美籍华裔历史学家黄仁宇的名言[12]:"资本主义社会,是一种现代化的社会,它能够将整个的社会以数目字管理。"而在舍恩伯格与库克耶的《大数据时代》中也是围绕量值来阐述数据概念的:[13]

早期文明最古老的抽象工具就是基础的计算以及长度和重量的计量。公元前三千年,信息记录在印度河流域、埃及和美索不达米亚平原地区就有了很大的发展,而日常的计量方法也大有改善。美索不达米亚平原上书写的发展促使了一种记录生产和交易的精确方法的产生,这让早期文明能够计量并记载事实情况,并且为日后所用。计量和记录一起促成了数据的诞生……

很明显,两本书中论述的数据集中在"量值、数值、数量"等统计和应用数学概念上。

与此相对,另一个概念则将"数据"定义为比特的集合。《世界是数字的》一书中写道,[14]"计算机用比特表示信息。比特就是二进制数字,即一个非0即1的数值。计算机中的一切都用比特来表示。计算机内部使用二进制,而不是人们所熟悉的十进制。较大的信息以比特组表示。数值、字母、单词、姓名、声音、照片、电影,以及处理这些信息的程序所包含的指令,都是用比特组来表示的。"所谓"比特组"其实就是数据,比特数据的定义是信息技术领域最核心的概念之一。基于这一定义,我们有数据结构、数据库、数据算法、数据网络、数据通讯、数据存储等等研究内容和具体应用,所有这些信息科技术语中的数据都不是指单纯的量值,而是指比特的集合。

信息科技领域的企业较多地谈论大数据,但它们通常也混淆了这一术语对应的两个不同的概念。IBM公司用三个英文字母V来总结大数据的特征,包括体量大(Volume)、多样性(Variety)与速度快(Velocity)。国际数据公司IDC将其扩展为四个V,即体量大(Volume)、多样性(Variety)、速度快(Velocity)和有价值(Value)。在它们这些阐释中,大数据明显是统计学基于现代信息科技的一个应用。所以,更明确地描述其内涵与外延的术语应该是"大统计"。

《大数据时代》的作者舍恩伯格与库克耶将大数据的核心总结为我们分析信息时的以下三个转变:[15]

> 第一个转变是,我们可以分析更多的数据。有时可以处理和某个特别现象相关的所有数据,即全数据,而不再依赖于随机采样。
>
> 第二个转变是,由于可供研究的数据如此之多,以至于我们不需要再追求精确度。
>
> 第三个转变是,我们不再热衷于寻找因果关系,而是满足于确定相关关系。

显然,大数据甚至不以当今的信息科技发展为必要条件。如果我们去考察至今仍然生存在亚马逊丛林里与世隔绝的原始部落,会发现他们对日常所采集食物的统计活动(比如计算每天从地里刨出来的番薯),也完全符合大数据的上述三项特征。事实上,《大数据时代》的作者也在书中明确表示:[16]"……远在信息数字化之前，对数据的运用就已经开始了。”

大数据的鼓吹者甚至也谈论“数据化”，但他们指的不过是“量化”，是将一切都以数值表示，和本书中基于“数字化”发展的“数据化”——即“数字化 2.0”不是一回事。《大数据时代》中也有一个“数据化”章节，在醒目的标题“数据化，不是数字化”下，作者写道：[17]

“数据”（data）这个词在拉丁文里是“已知”的意思，也可以理解为“事实”……我们还没有合适的词用来形容莫里和越水重臣教授所做的这些转变，所以我们姑且称其为“数据化”吧——这是指一种把现象转变为可制表分析的量化形式的过程。

《大数据》和《大数据时代》是两本在中国业界最受推崇的关于大数据的著作，书里每个章节都充斥着混乱的“数据”概念，其中最典型的是把现代信息科技中表示比特集合的“数据”，与传统上表示量值的“数据”相混淆。如果我们细读关于大数据的这两本著作，还会注意到几位作者也常常将大数据的“量值”和“信息”概念混淆。事实上，量值的大小、变化趋势与不同数值的比较、关联，仅仅是不同种类信息中的一种，除了数值以外，我们还有文本表述的语义信息，有静态图像表述的视觉信息，有音频媒体表述的听觉信息以及视频媒体表述的视觉时空信息，人类文化中的纷繁复杂的信息，并非仅仅是“量值”这一个狭隘概念所能简单囊括的。

3.2 大数据的关注点与数据化不同

在业界被反复提及的大数据的一个神奇案例是 Netflix 的网络电视剧《纸牌屋》的推出。

美国视频服务网站 Netflix 成立于 1997 年，该公司从 1999 年开始经营在线视频点播和视频光盘网络出租出售业务，目前已成为北美最大的付费视频服务网站。到 2012 年，该公司的全球注册用户数量已超过 2900 万。在 2012 年，美国用户通过数据网络（并非数字电视网络）观看正版电影的数量，首次超过了通过包括录像带、DVD 视频和蓝光光盘等物理介质观看正版电影的数量，这对美国影视观看和租赁市场来说是历史性的。在线影视欣赏的普及,使得像 Blockbuster 这种传统录像带、DVD 光盘租赁连锁企业受到沉重打击。在 2013 年 1 月,Blockbuster 宣布关闭 300 家光盘租赁连锁店,超过 3000 人因此而失业。

除了转向通过数据网络提供服务之外,Netflix 也大胆尝试了购买全新电视剧在线首播的发行模式。之前,该公司主要购买传统影视发行公司的影视作品,提供网络用户在线观看,而该公司则主要通过按月或按年收取服务费盈利。从 2012 年开始,该公司筹备在网络上推出自制的电视剧作品,其中获得巨大成功的一部作品就是《纸牌屋》(*House of Cards*)。与有线电视网每周播出一集电视剧的传统模式不同,Netflix 在 2013 年 2 月 1 日将其花费 1 亿美金购得的第一季《纸牌屋》的 13 集全部同时推上线,身处北美、英国、爱尔兰、拉丁美洲和斯堪的纳维亚半岛的 Netflix 注册用户都可以即时点播观看这一电视剧。《纸牌屋》的第二季在 2014 年播出,其第三季则在 2015 年播出。

Netflix 的这一系列举动是电视领域的重要创新,具有划时代的意义,它彻底突破了地面电视广播、卫星直播和有线电视播出网络的传统经营体系,开辟了一种全新的通过数据网络提供服务的电视节目传播的商业模式。

Netflix 运营的不是一个单纯的电视台或者影视内容租赁公司,它是一个基于数据化运行的媒体平台,其独特的商业模式选择不是盲目蛮干,而是基于严谨的数据分析实施的。在其网站上,注册用户会使用关键词搜索自己想看的影片,在看完一部作品后很多用户会写下评论或用打分的方式作出评价,用户会将自己喜欢的影视作品的链接分享给朋友,或者给某部电视剧添加多个文字标签。这些都是用户主动提供的数据,除了保存这些重要的资料外,Netflix 还会主动收集用户的被动数据,包括登录用户的地理位置、用户登录的时间和停留的时长、使用的设备类型及唯一识别 ID 号码、观看了哪些影片和电视剧,等等。Netflix 公司从 2900 万用户那里不断地获取这些用户授权了的宝贵数据并加以记录和保存,并将其与老牌收视率调查公司尼尔森的数据加以整合,从中分析出特定收视人群的观影特征。

早在《纸牌屋》推出一年之前,Netflix 就开始根据数据分析改进影视节目的在线供应了。在 2012 年一次有关大数据分析的会议上,Netflix 数据科学家曾介绍说,公司分析了用户每天超过 3000 万条播放记录,包括用户在何时、何地、何种设备上观看什么内容，用户给节目添加的恐怖、必看等个性标签；并在记录暂停、倒退、快进、评分、搜索的同时，进行大量截图，试图分析用户在音量、画面色彩甚至场景选取上的喜好。根据美国新闻网站 Salon.com 的描述，Netflix 充分利用自己提供网络视频点播的便利条件，分析了大量的用户行为，然后总结出一套规律，并将其运用到了《纸牌屋》的制作当中。

据称，对拍摄《纸牌屋》的人员的选择并不是来自一时的灵感，而是基于大数据研究得出的结论。[18]通过大数据分析，Netflix 发现喜欢观看 1990 年原英国 BBC 版《纸牌屋》的影迷也喜欢看导演大卫·芬奇(David Fincher)的作品。另外，这些观众也会经常观看奥斯卡影帝凯文·斯派西(Kevin Spacey)的作品。因此新版《纸牌屋》邀请了大卫·芬奇和凯文·斯派西的加盟，他们分别担任这部翻拍作品的制作人和男主角。

另外，在播放形式方面，据说 Netflix 也是基于大数据研究，选择了一次性将整季剧集投放上线。按照美国传统电视网中电视剧播出和观众观看的习惯，每周播放一集是几乎所有电视剧发行的标准配置。而 Netflix 根据大数据分析发现，有大量观众不喜欢每周定期收看电视剧，而是喜欢把时间“攒起来”，直到整季播放完再一次性观看。因此，Netflix 在推出《纸牌屋》时选择了一次性播放整季的 13 集。

可是，其后披露的更多事实却证明，这部网络电视剧的制作和成功，与大数据并无多大关系。2013 年 7 月，美国独立制片公司 MRC 的联合 CEO 莫迪·维克茨克(Modi Wiczyk)公开表示，此剧的诞生源自该公司一名实习生的推荐。2008 年至 2009 年间，MRC 基于实习生的建议，争取到了 1990 年的英剧《纸牌屋》的改编权，并与大卫·芬奇签署了制片合约，然后 MRC 又与主演凯文·斯派西取得了联系。在完成了剧本孵化工作后，MRC 联系了 Netflix，计划将网络播映权出售给对方。在他们联络的多家电视播出机构中，Netflix 主动提出由自己来投资制作的想法，并开出了优厚条件——不用试播便一次性定制两季剧集，因此最终该网络电视台成功购得该剧。[19]

在《纸牌屋》的营销过程中，Netflix 利用大数据这一社会热点，结合自己作为网络视频服务商的不同于传统电视公司的特色，将《纸牌屋》包装成了大数据研究成功的案例。《纸牌屋》和大数据虽然没什么关系，但其市场推广策略却取得了惊人的成功，不仅该作品的收视率高涨，Netflix 网络视频服务的订户数量在其后一段时间有明显的增长，股票市场中该公司的股价也一路飙升。真实的情况是，《纸牌屋》既不是 Netflix 推出的第一部自制剧，也不是其唯一一部自制剧。在《纸牌屋》之前和之后，Netflix 还推出了多部其他自制电视剧，包括《铁杉树丛》《女子监狱》等，但这些剧集并未获得如《纸牌屋》一样的成功。这也从另一个侧面证明大数据并非如传说中的那样神奇，根本无法主导和决定商业活动的最终成败。

另一个曾经被广泛传播的大数据案例是“怀孕的女高中生”。

这是《纽约时报》报道过的一则引发轰动的案例，据说证明了大数据分析帮助实现了神奇的精准营销。[20] 在案例中，有一天一个男人找到了明尼阿波利斯市郊的塔吉特公司，气愤地指责该公司的管理人员，他声称自己的女儿还是一个 17 岁的高中生，但塔吉特公司却给她邮寄了婴儿用品的优惠券，这不是鼓励她怀孕吗？但富有戏剧性的是，几天后公司管理人员接到了这位父亲的道歉电话，这位父亲说自己刚刚知道女儿确实怀孕了。而塔吉特公司得到其女儿怀孕的结论，竟然比这位父亲早了一个月。

按照众多推销大数据的书籍与文章里的解释，这次成功的预测是由于塔吉特公司应用了大数据分析系统。作为美国第二大超市连锁企业，塔吉特（Target）百货公司把孕妇作为一个重要的顾客群体加以关注。该公司的顾客数据分析服务部门利用大数据分析模型，能在孕妇的第二个妊娠期就把她们确认出来，其市场营销部门基于此数据，可以提早给孕妇寄发相关商品的广告，通过给孕妇寄送一些优惠券和试用产品，它可以早早锁定比较稳定的用户群。

如果作更深入一些的思考我们便会发现，用这个例子证明大数据独特的预测能力非常牵强。与几乎所有其他零售连锁企业一样，塔吉特公司向顾客发行会员卡，会员卡会记录顾客的商品购买记录，而塔吉特公司正是根据这位女高中生购买测孕试纸及其他相关用品的历史，判断出其可能怀孕的，这并不需要多么智能的机器系统，只不过是一种人工也能实现的商业分析而已。

此外，所谓的大数据分析模型预测的错误也被刻意地掩盖了。是否有人产生过这样的怀疑，塔吉特寄出的婴儿用品优惠券，有多少是错误的目标投送呢？人们从信箱里取出和自己不相关的这些营销材料时，难道不是直接将它们扔进垃圾箱吗？有多少人会像这位父亲那样去上门争辩呢？按照严格评估标准，难道不是只要有对一位顾客预测错误，就可以推翻整个分析模型吗？

从上面的例子中我们发现，大数据关注的典型案例主要集中在统计学的商业应用上，而且它是否真的像其宣称的那样能预测未来，我们还要打上一个问号。但数据化研究的视野则更为广阔，聚焦的层面也更为深入。在信息科技不断迅速推进所引发的重大社会变化里，数据化试图厘清事物的真实面貌，阐明其背后的科技伦理内涵。

近期发生在中国的关于微信收取费用的争议正是数据化研究的重要课题。[21]

如今几乎每个人都会使用手机，在移动通讯领域，数据通讯业务对数字语音电话等业务的冲击来势凶猛。数据通讯是基于主要提供专用数字语音等服务的电信网络，但数据通讯中传输的是通用的数据，这些数据既可以承载文字、图片，也可以是语音和视频，或者是程序代码与任何其他内容。我们说数据网络（即互联网）是一个虚拟网络，是构筑在不同实体网络上的网络。不同实体网络即使在物理上将它们连接在一起，但是它们也无法互相通讯，因为它们采用的是不同的协议，而互联网则通过 IP 协议等使它们可以互相沟通，这样原本专用的实体网络就能拥有多种不同的用途，原来为数字语音电话设计的网络上现在可以承载互联网，原来为数字电视设计的网络也可以承载互联网服务，这便使数据通讯拥有了巨大的优越性。

在全球，用户使用数据服务替代传统的数字语音等服务的发展态势已经非常明显了。日本的年轻人用手机社交软件“连我（Line）”时，甚至有越来越多的人不再使用任何传统的语音和短信等服务，不使用电话号码，转而完全使用数据通讯服务；美国和欧洲的年轻人越来越不喜欢使用语音电话了，而是更多地使用 Skype 进行视频通话，或者使用 iMessage 替代短信，或者通过 Facebook 和 Twitter 互相联络。中国的微信用户数量从 2012 年开始急速膨胀，无论男女老少都在使用微信平台收发消息和进行语音对讲。在 2013 年春节期间，拜年时传统短信的使用量出现了历史性的下降，从前一年的人均发送量 29 条降到了人均 28 条。春节期间，人们用手机打电话的时长累计完成 420.1 亿分钟，仅为平日通话量的 80%，即电信运营商的语音业务整体下滑了 20%。这一下降不是因为人们联络得少了，而是人们转向了使用微信等数据业务进行通讯。与传统业务量下滑相对照的是，春节期间的移动互联网接入流量达1971.5万G，人均接入流量达到26.4M，比平日流量高33.6%。

从2013年到2014年，电信领域由数字化转向数据化的趋势更为突出。中国移动2013年全年的短信量锐减15%。2014年10月，中国移动发布的当年前三季度财报显示，前三季度净利润同比下降了9.7%，其重要原因是通话和短信业务量均出现了较为明显的下滑。与此相映成趣的是，2014年前三季度的移动数据流量则比上年同期增长了98.6%，这成为了中国移动收入增长的主要驱动力。

数据通讯对传统电信运营商的挤压越来越厉害，基于互联网的数据业务使得电信运营商原来的短信、语音，甚至包括国际电话业务都受到了巨大的挑战。据市场研究公司Arthur D.Little统计，目前国际通话时长的25%是由Skype完成的。而另一家商业分析企业Ovum则预测，受数据通讯业务发展的影响，全球电信运营商语音收入（包括固定和移动）从2012年到2020年将以年复合增长率-2.4%下降，从2012年的9704亿美元下降至2020年的7996亿美元。另一些研究机构的测算估计，Skype等OTT（Over The Top，实际上就是指低层次的专用网络通过高层次的互联网提供各种应用服务）话音类应用对电信运营商语音收入的影响是每年几百亿美元。也就是说，Skype公司每年收入几十亿美元，但给电信运营商造成的损失却是其收入的十倍以上。

竞争市场环境中的电信企业正在积极迎接数据化，西班牙电信基于电信网络与互联网的结合，努力寻找各种途径开展数据网络服务，其数据应用服务已成为新的业务增长点。2012年初，西班牙的Telefonica宣布与Google、Facebook、微软以及RIM合作开展运营商计费业务。这样，用户就能够使用其移动积分在OTT商店购买应用以及其他虚拟商品，这使得用户购买虚拟商品和应用变得更加容易。2012年6月，加拿大的TELUS与Skype签署了一项协议，这项协议彻底改变了该移动运营商的智能手机用户使用Skype的方式，使用户能够通过其已有的电信服务账户购买Skype的服务。

但中国的情况则恰好相反，依靠政府的强制力垄断的电信运营企业正在设法阻挡这一巨大的变革。从2013年春节后开始，中国的几大电信运营商一方面取消原来对用户的数据流量优惠，一方面试图压制威胁到其业务的互联网服务商。2013 年初，中国移动和中国联通的公司高管将目标指向数据通讯用户数量最多的腾讯公司，他们指责微信冲击了传统的电信业务。因为其原有利益受损，控制了网络基础设施的垄断电信运营商提出要向微信等收取额外的费用。这一做法招致了用户的普遍反对，用户认为这是二次收费。实际上人们不知道，在用户使用微信等进行通讯的时候，电信企业对同一组数据已经重复收取了四次费用。发信的个人要为上传的数据流量付费一次，而腾讯也要为同样的数据进入其服务器和从服务器发出付流量费，收信的个人也要为其下载的数据流量付费一次。现在，电信运营企业要做的是收取额外的第五次费用。

电信运营企业为了维护它们所熟悉的陈旧体系的地位，还举出一些所谓的技术上的理由，以论证其再次收取费用的合理性。中国移动声称微信等智能手机上的数据应用反复与无线基站联络通讯，所谓心跳信号占用了信令资源。而信令资源原本是没有收取费用的，现在由于被微信等手机应用过度使用，从而影响了其他通讯，所以要把原来免费的服务转为收取费用的服务。这就好比说，有的顾客到超市一次性购买大量商品，另一些顾客去得很频繁但每次只购买少量商品，超市声称其自动门被经常去的顾客过度使用，原来不收取费用的自动门现在要开始收取费用了。对于在自由竞争环境中的私营企业（无论是非垄断性质的私营企业还是垄断性质的私营企业）来说，这样的商业策略无异于自杀。但对于依靠法律强制消灭了竞争对手的行政垄断企业来说，这样的做法则相当于抢劫。

客观地看，对于电信运营企业来说，传统语音短信业务和数据业务是此消彼长的关系，所谓“失之东隅，收之桑榆”。微信业务虽然占用了运营商一定的网络资源，但是运营商却并非白白付出而没有任何回报。因为用户使用微信的同时也在产生数据流量，不管是文字、图片还是语音，都会消耗一定的数据流量。而这些电信网络中的数据流量，运营商都是收取费用的，根本不存在所谓的免费提供的服务。如果再向微信收取费用，完全是运营商利用其行政垄断地位对其他企业和用户财产的强行掠夺。微信的广泛应用带来数据流量的大幅度增加，电信运营商相应的数据业务收入也水涨船高。电信运营企业不能在数据业务收入增长的同时，因为语音、短信业务的下降而强制对企业和用户再次收取额外的费用。

当然,也许目前数据业务收入的增长无法抵消原有语音、短信业务的减少,对于看不清数据化方向、行动迟缓的电信企业来说尤其如此。数据通讯的力量会越来越强,数据化让用户花在同样时长上的通讯费用大幅降低,这是科技进步的必然,就像人类历史上工业革命等创新带来粮食和其他商品的相对价格下降一样。电信企业如果无法降低其成本、扩展业务范围或在经营模式上创新,那么它们就应该退出通讯服务业,放弃营造阻碍民间资本进入该领域的壁垒,让诸如腾讯这样更有竞争力的私营企业进来进行竞争,让在市场上获得消费者认可的企业为用户创造价值。

"微信收取额外费用"之争是数据化关注的重要案例。很明显,这里没有数值、数量和量值什么事。从争执中凸显出来的,纯粹是通用数据对专用比特的碾压。这个案例让我们清楚地看到,更高水平上的数字通讯即数据通讯取代低水平的数字通讯是无法阻挡的趋势,用不了多长时间,数据通讯网络必将成为用户沟通交流的主要媒介,因为数据化的通讯环境让用户享有更多选择、获得并体验更好的服务。

3.3 没有信息科技就没有"大统计"

仔细审视大数据这一热热闹闹现象的背后,我们发现,大数据的实质不过是"大统计"罢了,而只有信息科技才是能在数值"统计"前加上那一个"大"字的根本要素。

统计学是数学在社会生活中的应用,其重要价值当然是有目共睹的。在历史上,人们一直努力对各式各样的东西尽可能作精确的测量记录,使用数字、表格和图形来直观地把握其中的趋势和规律,并试图预测这些量值在未来的变化走向。如果没有信息科技,统计学仍然有其重要意义,但也不过是一个对统计工作者来说劳心费力的定量研究工具罢了。

统计学依托信息科技爆炸式的推动力,在近些年有了跨越式的发展。大数据,或者更准确地说"大统计"在过去几年中红得发紫,是统计学应用受到信息科技重大影响所产生的一个现象。只有依托信息科技,统计学才有机会在前面加一个“大”字，其应用价值才能成倍增长。其实，何止统计领域，如今社会经济生活的哪个领域未受惠于信息科技的进步呢？我们有必要再热炒“大生物”、“大金融”、“大教育”、“大工业”、“大物流”、“大传媒”和“大医疗”等吗？受到信息科技深刻影响的这些具体应用领域，不过是“形而下者谓之器”，更值得理论研究者关注的，则是“形而上者谓之道”的、作为数字化发展高级阶段的——数据化。

是比特数据让统计变“大”。数据化聚焦于比特数据，因为作为比特集合的数据，让人类使用的符号达成了统一。比特数据已经成为所有类型的信息表达的载体，一切知识内容皆可表示为同质的比特数据。无论中文、英文还是阿拉伯文，无论原来是刻在石碑上的、写在纸张上的还是印在胶片上的，如今都可以映射为在抽象形态上没有差别的比特数据。历史性地，整个世界的信息基础架构在比特数据这一抽象层面上达成了真正的融合，这也是我们从数据化的视角去观察眼前正在发生巨变的新世界，去研究、去阐释社会经济生活中涌现的各种现象的意义所在。

与浮于表面的量值统计比起来，比特数据是更本质的东西，少数具有前瞻视野和洞察力的科技学者已经看到了这一点。2014 年，著名的技术哲学家凯文·凯利在斯坦福大学的会议上论述未来 20 年科技发展的时候曾说：[22]

不管你现在做什么行业，你做的生意都是数据生意。你关于客户的这些数据，其实跟你的客户对于你来说是同等重要的。数据可以通过网络流转，从一种格式变成另一种格式。数据不应该以它的存储而定义，应该由它的流转来定义。

过去的数据时代，我们使用文件、文件夹、桌面这些东西。进入网络时代之后，数据就出现在网页上、链接里。今天我们用云、标签和流来比喻数据。对现在来说，文件夹、网页等就不是最重要的数据。所有的东西都在我们的数据流里，有信息、有新闻。过去的关键词是“我”，而现在的关键词则是“我们”；过去的关键词是“项目”，而现在的关键词则是“数据”。

在热炒大统计的意义的时候，需要避免将人异化为参数，避免将每一个活生生的、复杂的人简化为数值的集合，避免拿异质的人的属性的虚幻加总结果当个宝。大统计致力于从群体角度观察人的属性，数据分析师热衷于收集所有观测对象尽可能多的、尽可能全的数据，试图通过分析围绕观测对象的多维度数据寻找规律、预测商机。但是，这些数据归根结底还是来自于作为独立个体的人，而人是如此复杂，每一秒人都在变化与发展，任何大统计都只能是对人的极少的部分侧面的定量数值概括，是对人的既有行为的记录和积累。用部分代替全部，用已经发生的去预测未来，这是大统计的一个很容易迷惑人的、令人兴奋的但又不负责任的承诺，这种承诺真的能被可靠地兑现吗？

我们在强调大统计的作用的时候，还需要小心避免狂妄自"大"，防范理性的谵妄。我们应避免夸大统计的作用，避免自以为掌握了一切信息，试图预测一切、计划一切、掌控一切的荒谬想法。[23]无节制的精英主义思维是危险的，秉持救世心态的人，总是试图为庸众设计生活的方方面面，许诺将无知、无助的平民保护在温室里，庇佑于自己的羽翼阴影中，誓言阻止凶险的外部世界对他们的任何伤害。这种一厢情愿的虚伪道德理念最终必然导致灾难，人类社会历史早已用无数血泪反复证明了这一点。

注释和参考文献

[1]曼纽尔·卡斯特著，夏铸九、王志弘等译：《网络社会的崛起》，社会科学文献出版社，2003年12月。"和其他分析家不同的是，我把遗传工程及其日益扩大的相关发展与应用，也包括在信息技术里。这不仅是因为遗传工程的焦点是对生物信息符码的解码、操纵，以及最后的重组，也是因为生物学、微电子学和信息科学在应用与材料上，甚至更基本的概念取向上，似乎已经彼此汇聚互动……"p.34。

[2]尼葛洛庞帝著，胡泳、范海燕译：《数字化生存》，海南出版社，1996年10月。P53，其章节标题是《数字电视才代表未来》。这一章节批评了日本和欧洲在20世纪90年代初抱残守缺地坚持发展模拟高清晰电视的政策。之后全球广播电视业界逐渐认同接受了数字电视。21世纪的第二个十年是很多国家设定的模拟电视广播体系向数字电视的转换期。但作者没有预见到的是，如今到了转换的关口，仍然有很多人在使用模拟电视，而更多的年轻人的家庭则根本不开通数字电视服务，数字电视的开机率正在下降。因为几乎所有人都转向了使用数据通讯网络观看视频。

[3]凯文·凯利著，张行舟、余倩等译：《技术元素》，电子工业出版社，2012年6月。P12，凯文·凯利在"世间至强之力"一节中讨论技术的重要意义，在商业活动中运用量值数据的统计有效地推动了经济的发展。

[4]Douglas E. Comer 著，徐良贤、唐英、王勋等译：《计算机网络与因特网》，机械工业出版社，2000 年 8 月。参见附录 B，ASCII 字符集。

[5]莱文森著，何道宽译：《数字麦克卢汉：信息化新千纪指南》，北京师范大学出版社，2014 年 7 月，p.56。

[6]参见笔者撰写的维基词典词条“Datumize”，http://zh.wiktionary.org/wiki/datumize。

[7]参见笔者撰写的维基百科词条“数据化”，http://zh.wikipedia.org/wiki/数据化。

[8]Brian W. Kernighan 著，李松峰、徐建刚译：《世界是数字的》，人民邮电出版社，2013 年 7 月。P8，关于现代电子计算机的起源，另一种被普遍认同的看法是从电子数值积分计算机（ENIAC，Electronic Numerical Integrator And Computer）开始的。该计算机也是在 20 世纪 40 年代出现的。美国费城宾夕法尼亚大学穆尔电气工程学院的布莱斯波·埃克特与约翰·莫奇利设计了这台全电子的通用计算机，该机器直到 1946 年二战结束时才正式完工。

[9]参见新华网报道：http://news.xinhuanet.com/newmedia/2005-12/14/content_3918491.htm 作者在这篇题为《美国图书数字化再掀新浪潮 计划将耗资巨大》的新闻中提到，自从美国网络搜索引擎服务商谷歌公司和美国国会图书馆宣布建立数字图书馆的计划，图书数字化或网上图书馆已成为美国众多文化和出版机构关注的一个热点问题。传统出版业普遍感到了危机，出版商哈泼·柯林斯出版公司已经开始了自己的图书数字化项目。美国国会图书馆于 2005 年 11 月也推出了一个雄心勃勃的计划，准备建立网上数据库，收集全球的珍贵书籍、手稿、海报和邮票以及其他工艺品等，供全球所有用户通过互联网使用。

[10]参见新华网报道：http://news.xinhuanet.com/fortune/2013-01/15/c_124234217.htm 文章标题《日本电子企业持续亏损暂处劣势 求复苏需辟蹊径》。文章作者评论称：“日本电子企业的变化反映出，企业如果不创新就很容易落伍，而一旦落伍再想追赶的成本将大大增加。”显然，日本企业似乎相信数字化已经很保险了，它们的问题是没有认识到数据化这一重要创新领域，因此在短时间内被美国、韩国与中国甩在了后面。

[11]《数字化生存》，p.51，当时不仅日本电视科技行业选错了方向，欧洲的广播电视业界也误入歧途。欧洲人为了不在与日本人的竞争中处于下风，匆忙推出了自己的模拟高清晰电视体系 HD-MAC。这些盲目设定的技术标准除了其表面上宣称的，要用下一代的高质量显示技术改善观众的电视欣赏体验之外，另一个不可告人的重要诉求是为了以贸易保护阻碍竞争，通过设置地域性的电视广播技术壁垒，防止别国不同标准的设备向本地销售。这样观众就只能高价购买缺乏竞争力和创新精神的本地企业所生产的、符

合本地广播电视制式的产品。

[12]涂子沛著:《大数据》,广西师范大学出版社,2012年7月,p.13。该段落引自黄仁宇文集《放宽历史的视界》中作者发表于1986年的文章《我对"资本主义"的认识》,生活·读书·新知三联书店出版,2007年。

[13]维克托·迈尔.·舍恩伯格与肯尼思·库克耶著:《大数据时代》,浙江人民出版社,2013年1月。引自书中第二部分"大数据时代的商业变革",该章的名称是《数据化,一切皆可"量化"》,其中这一小节的名称是"量化一切,数据化的核心",p.105。没有任何歧义,作者就是把数据化当作量化,把数据等同于量值、数量、数值、大小这种统计的概念。

[14]参见《世界是数字的》一书的第2章"比特、字节与信息表示"。该书属于给非计算机专业学生介绍计算机基础知识的教材,所以在书的开始部分没有引入过多的新概念,仅仅用"比特组"来介绍计算机表示信息的最核心的三个基本思想。前两个基本思想分别为"计算机是数字处理器"和"计算机用比特表示信息"。

[15]《大数据时代》,pp.17-18。作者总结的这三个转变是该书的核心观点。

[16]《大数据时代》,p.102。因为数字化与信息科技在当今社会已经司空见惯,作者试图超越对数字化与信息科技的赞颂,希望把自己讨论的"数据"概念推到更早的时代,当然,这样做他必定会走向歧途。围绕量值数据这一概念探讨其当代的意义、能做的工作非常有限,毕竟,人类社会越是早期的量值、数值统计活动,越是符合上述三个核心论断。

[17]《大数据时代》,p.104。作者在此处使用的术语"数据化"对应的英文原文是"Datafication"。书中明确将这个概念与"数字化"做了切割,实际上是自己断绝了与理论源头的联系,让其理论成了无本之木。笔者在多年以前就使用"数据化"这一术语发表过正式出版的论文和书籍,本书中的"数据化"概念是完全从属于信息科技领域的,各章的内容都是将"数据化"作为"数字化"的升级拓展而阐释和论述的。同时可对照维基辞典的词条"Datafication"(http://en.wikipedia.org/wiki/Datafication)。该英文解释中含混地说明了"Datafication"是一种现代科技的变革趋势,这种变革是将我们生活中的各方面都转为计算机化的数据,并且将其变成以新的量值形式表示的信息。这一释义明显与《大数据时代》一书的章节标题里"不是数字化"的断言相矛盾。

[18]参见新华网报道:http://news.xinhuanet.com/tech/2013-05/02/c_124652222.htm 文章标题"最火美剧《纸牌屋》:电视剧遇上大数据"。在该网络电视剧的第一季推出前后,全球媒体争相报道,关于大数据在创作该作品中起的"成功"作用,一时间成为社会讨论的热点。

[19]参见维基百科上的"纸牌屋"词条。http://zh.wikipedia.org/wiki/%E7%BA%B8%E7%

89%8C%E5%B1%8B 真实发生的情况是，Netflix 的节目内容首席主管泰德·萨兰德斯（Ted Sarandos）是英国版同名剧集的忠实观众。他在调查了 Netflix 用户的收看习惯后，基于对统计数据的分析得出结论，他认为大卫·芬奇和凯文·斯派西的合作会吸引大量观众收看本剧，于是便决定买下此剧集的播出权，而且是一次性预定了该剧集前两季全部 26 集，《纸牌屋》也由此历史性地成为了 Netflix 播出的首部原创剧集。泰德·萨兰德斯曾表示，"这部剧集看起来会前途无量"，"就像素材与灵感巧妙结合成的完美风暴。"《纸牌屋》与数据分析的关联只有这么多，这里没有大数据什么事。

[20]参见《纽约时报》中文网报道：http://cn.nytimes.com/business/20121205/cc05weiwuhui/ 文章标题为"隐私的界限"。

[21]参见新华网报道：http://news.xinhuanet.com/fortune/2013-04/07/c_115296777.htm 文章标题为"微信收费之争，民意如何彰显？"

[22]参见人民网报道：http://it.people.com.cn/n/2014/1102/c1009-25955037.html 标题为《硅谷教父斯坦福演讲：预言未来 20 年科技潮流》。文中引述凯文·凯利的演讲内容，在谈到数据时，他指出："通过数据分析，我们可以看到哪天的工作效率最高，在那天我们吃了什么、做了哪些事情来提高效率。我们就可以通过这样的方式更好地了解自己，提高生产效率。"

[23]尼尔·波斯曼著，何道宽译：《技术垄断：文化向技术投降》，北京大学出版社，2007 年 10 月，p.77。波斯曼在该书的第 10 章"隐形的技术"里，重点讨论了统计、量化的倾向在意识形态上的问题。书中举出了弗朗西斯·高尔顿作为滥用统计学的例子，高尔顿是"优生学"的创始人，他使"智力能够在一个单一的线性度量表上量化，这个观念造成了无穷的伤害，对我们的社会造成了普遍的伤害，对教育的伤害尤其严重。"

第二篇

数据化的虚拟世界

第 4 章　虚拟世界和实体世界、思维世界

拜数据化所赐，一个独立的、一体化的虚拟世界越来越清晰地呈现在我们面前——今天，我们有时也称之为赛博空间或数据世界。历史上第一次，数据使所有信息在其抽象的基础表示形态上达成了统一，它是当前与未来很长一段时间里，信息科技支持的所有的计算、通讯和存储活动的核心，是正在凝结的虚拟世界中的客观对象，是从人脑外化出去的人的智能的聚合。

抽象的比特数据存在于这个虚拟世界中。站在数据化的生态环境里观察虚拟世界的时候，我们关注的重点不再是其中的最基本单元——比特，而是更复杂、更高级一些的对象，即比特的结构化集合——数据。单一的比特只能表示有或无、是或否、男或女、亮或暗及 1 或 0 等含义，比特结集成的数据的意义则远远丰富得多，数据已成为我们这个时代承载人类艺术创意、信息、知识、经验和智慧的基本符号集，是疆域正在急剧扩展的虚拟世界的首选建筑材料。[1]

如今人们越来越多地提到虚拟世界，在大家这样谈论时，多数情况下是特指网络游戏设计师所建造的世界，或是互联网上超链接所构筑的环境。很少人会把虚拟世界看作独立的、与物质世界、精神世界对等的体系。大多数人没有意识到，在数据化汇聚一切人类智能的今天，我们迫切需要突破原来物质世界与精神世界二元论的认识框架，用更严肃的目光审视虚拟世界这一重要范畴。在技术哲学理论研究领域，保罗·莱文森和卡尔·波普尔罕见地曾对这一问题作了认真的探讨。

4.1　保罗·莱文森的三个世界

保罗·莱文森是美国当代主流的技术哲学研究者，也是著名的媒介理论家。[2]莱文森将麦克卢汉的媒介理论扩展到技术，强调技术在世界进化中的重

要意义,关注在非生物、生物和精神这三个层面的次第演进过程中技术占据的核心地位。

莱文森论述这一发展进程时说,如前辈学者所认识到的,人类出现之前,生物体和环境之间的双向互动就已经存在了。生物体从环境获取信息,并通过自己的活动影响环境(所谓技术活动),而环境又制约着生物体。[3]当然,前人类生物体对环境的作用是无意识、无计划的。在人类出现之后,出现了有意识的、不断升级的对物质世界的改造,人类思想的技术表现就开始越来越强地推动着人对环境的作用,同时技术还不断放大人的认知能力,获取的知识为我们使用技术改造世界提供支持。[4]

保罗·莱文森指出,技术的存在使思维和物质的两分法观念过时了,虽然这个观念长期支配西方哲学和科学的大部分领域。[5]他试图用三个世界的框架突破思想世界与物质世界的冲突,弥合二者之间的鸿沟。在《思想无羁:技术时代的认识论》一书的第四章《技术:人类思想之体现和被人忽视的哲学革命》中,保罗·莱文森这样表述技术——物质体系:[6]

> 由物质组成的“技术——世界I”(T-World 1),包括非生命物质和除人(或大脑)之外的一切生命物质;由人组成的“技术——世界II”(T-World 2),尤其是大脑,就我们所知,人体的这部分器官产生、支持并构成自然界和宇宙奇特的活动——思维活动及人的精神;“技术——世界III”(T-World 3)的构造成分,世人触摸过的或人造的物质,包括说话时声带引起的转瞬即逝的空气震动,以及核试验室里生成半衰期达数百万年的新元素。

上述三个世界的划分,其理论基础是保罗·莱文森对精神与物质二元论的发展。人能够感知独立于自己客观存在的物质世界,人也能通过自省发现自己的思维世界,两个世界的差异是明确的,无论是“唯物主义”还是“唯心主义”,都不会质疑这一二元认识框架,虽然它们分别强调其中之一的核心地位与决定性作用。莱文森主张脱离静态的二元论,提出互动的二元论,也是开放的二元论。他认为,在这个二元论的开放体系中,物质首先在自然选择中产生了心智,同时心智又在技术交换中再创造物质。

在《未思想化的物质与非物质的思想》一节中,莱文森用三种客体做了例证。他举出的三种客体包括:一棵树、如何将这棵树用于传播的一个念头(idea)和一张纸。三种客体中的前两者对应于二元论的物质和思维,但一张纸这个客体中还包含独特之处,这一独特之对象并不适合归入前两种范畴。因为纸张是思想化的物质或物质化的思想,它是包孕在物质里的我们的思想,又是根据我们思想的规格重组的物质。[7]

保罗·莱文森提出三个世界理论,是希望拓展卡尔·波普尔的理论。虽然他试图修正卡尔·波普尔的三个世界架构,但是其论述明显比卡尔·波普尔更为狭隘,而不是更具包容性。我们注意到,保罗·莱文森提出的三个世界其实全都是物质世界,第一个世界是支持自然活动的物质世界,没有人存在的时候,那个物质世界就已经是独立存在的了;其第二个世界是支撑人的思维的物质世界,即人本身,尤其是人的思维器官——大脑。虽然在例证的过程中他使用的是"念头(idea)",但是实际上大脑中处理对应想法的神经元似乎更符合他的理论框架;至于其第三个世界的界定,则是承载人的实践活动、人的智能外溢的物质世界。很显然,他的架构仍然在物质世界这一头转圈。[8]

在笔者看来,卡尔·波普尔的相关理论反而更为准确,而且是卡尔·波普尔更早超越了物质世界和精神世界的简单二分法,提出了与之基本对等的三个世界的论述,虽然他不像莱文森那样看到了科学和技术在21世纪的最新进展。

4.2 卡尔·波普尔的三个世界

卡尔·波普尔提出三个世界理论,是为了挑战一元论和二元论的宇宙观。[9]在他的框架中,世界1对应于前辈学者讨论的物质世界(因为质能转换,物质与能量是不可分的),该世界既包含了无生命的物质客体,也包含了有生命的生物客体,即"首先有由物质客体、由石头和星球、由植物和动物、由辐射线和其他形式的物理能量构成的世界"。

"其次,有内心的或心理的世界,我们的痛苦与愉快的感觉,我们的思想、我们的决定、我们的知觉与我们观察的世界。换言之,内心或心理实体的,或主观感受的世界,我们称之为世界2"。这一世界是前辈学者经常谈论的精神世界,其中既包含对前一个世界的反映,也包含在此世界内的主观经历[10]。

卡尔·波普尔的世界3指的是人类心灵产物的世界。[11]他拿米开朗基罗的雕塑《垂死的奴隶》举例，其雕塑材料大理石属于物质客体的世界1，而雕塑家心灵的创造物则属于世界3。就书籍而言，纸张构成的书本显然是物质客体，但在物质之外，其上还有世界3的客体存在。同一本书如果发行了多个不同版本，如果其正文内容完全相同，那么即可称其为同一个世界3客体的不同的世界1复本，显然，在世界3意义上的一本书并非世界1意义上的一本书。当人们谈论一本书的内容时，谈论的就是世界3的客体。

世界3的客体是抽象客体，它的具体表现是物质客体。[12]大部分的世界3客体，尽管不是全部被体现或物质地实现在一个或多个世界1的物质客体中，就像《哈姆雷特》是体现在纸张装帧和油墨印刷的莎士比亚署名的每一本书籍中，或是体现在一个剧团的每一次具体的演出中。

卡尔·波普尔对世界3的阐述遭到了其很多哲学界朋友的反对，尤其是唯物主义者或物理主义者。他们否认抽象对象的客观存在，批评卡尔·波普尔在谈论世界3的时候犯了实体化的错误，即把不存在的灵魂、幽灵或虚构的事物理解为物质或物。[13]

与唯物主义实践论相比，卡尔·波普尔的世界3更侧重于从人的思维、人的创造力的角度认识抽象的客观对象。[14]实践论强调人的有意识、有目的的物理活动，以及如何通过具体的活动认识物质世界和改造物质世界。而世界3则强调人的精神活动引致的物质变化。很明显，一个人独自轻声歌唱，对于实践论来说是一个普通的人影响环境的活动，是声带振动造成的声波在空气中小范围的扩散，但对于世界3来说，则是一个独立的抽象对象的形成与存在，这一客体与另外两个世界中的客体是处于同等地位的，虽然伴随着承载他的世界1客体声波能量衰减，这一世界3中的抽象对象是转瞬即逝的。

但是，关于世界3，卡尔·波普尔的理论中缺乏一个独立的概念对其加以概括，所以他只能笼统地用三个数字代表不同的世界。在对三个世界的阐述中，他把动物的心理活动也纳入世界2的精神领域，这实在是令人不敢苟同。除此之外，他所界定的世界3也略微偏重精神一侧，更强调思维一面，甚至把非外化的心理对象也纳入进去。例如，他在拿音乐作品举例时，除了列出了作曲家的手稿、印刷的乐谱、实际的演奏、唱片与磁带录音等对象之外，也把音乐家大脑中的记忆痕迹包括在内,这样的界定与划分有些模糊,很难与世界2的精神活动区分开来。[15]

4.3　基于数据化重新认识三个世界

无论是保罗·莱文森、卡尔·波普尔的研究成果,还是我们正在亲身经历的信息科技发展的现实,都在提醒我们,实体世界和思维世界之外,浑然一体的第三个世界已然成形。

这个世界是人为的、外在的。人不能创造新的物质,但却能够运用自己的智慧,有意识地、有目的地改变自然界中已有物质的原有状态,形成新的状态(在一些理论中也将这种对客观物质世界的改造称为实践,或人的行动[16])。人为形成的新状态是客观的、抽象的,所有人为的新状态构成一个容纳了大量抽象客体的世界,这第三个世界可被称为虚拟世界。在哲学教科书里物质和精神二分世界的基础上,我们现在重新构架出实体世界、思维世界和虚拟世界的认识框架,新技术哲学视野中三个世界的面貌开始显露(参见图4.1)。

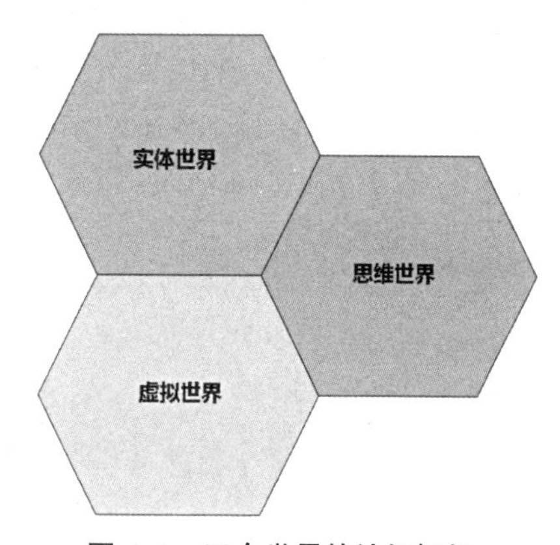

图4.1　三个世界的认知框架

虚拟世界是外化的人的智能的集合。不光书籍里凝聚了人的知识和智慧,就连日常人工制品上也沉淀了人的智能。一把椅子不仅仅能用来坐,而且也可以供木工学徒学习设计、制作家具的知识。外化的智能是抽象的也是客观的,是可被认识和可被把握的。智能外化的抽象客体既不是物质实体本身,也不是人脑中秘而不宣的思维对象(想法、点子、主意、情绪等)。

1.智能外化于物质世界

实体世界是物质、能量的世界,自然界里的无生命物体和所有生物体都是实体对象,这些对象是客观的存在,是另外两个世界中对象的承载基础。实体对象既包括自然物(例如森林里的树木),也包含人工产品实物(例如桌子和椅子)。实体世界由四种力——引力、电磁力、强相互作用力和弱相互作用力支撑,原子、分子等微观粒子是构筑其中物质形态、蓄积能量的基本单元。

思维世界是人脑中的无形世界,这一体系是人所独有的。在我们的祖先从猿进化到拥有独特意识的智人的那一刻,这一世界就开始产生与形成。思维世界中的对象是人头脑中内在的、主观的,概念与命题等是蕴藏理性和感性的基本单元,思维能力——识记力、理解力、分析力、综合力、创新力等是维持思维世界运转和拓展生发的动力。

虚拟世界源于思维世界中内容的外化,表现为模糊想法、主意、设计构思等的实体化、明确化、具象化。我们仍然能够追溯和设想人类最早的祖先如何实现"有/无"概念的表达——从短暂比划的手指、简短的单音节叫声,进展到长时间人为放置的树枝、石子,以及树干、地面或石壁上的刻痕(参见第 1 章第 2 节)。人通过有意识的活动对物质状态作有序地改变,广义的符号蕴藏了抽象的信息,无论是象形文字还是字母文字,无论是图形标志还是绘画、雕像、建筑。随着人类文明的不断发展,记录状态的符号由简单到复杂,承载外化智能的介质也变得越来越多样化。

人的智能的外化体现在一切人造之物上,或者说人所影响到的一切上面都会沉淀外化的智能。唐纳德 · A.诺曼从产品设计的角度认识到了这一问题的重要意义。在《设计心理学》的第三章"头脑中的知识与外界知识"里,[17]他提醒我们,"信息储存于外部世界。我们所需要的绝大多数信息都储存于外部世界。储存在记忆中的信息与外界信息相结合,影响着我们的行为。"因此,设计师的一项主要任务,就是了解哪些知识需要存储在产品中,然后结合设计师自己的智能(包括其审美体认),将其融入到产品设计里,让用户可以轻松地使用根据设计大规模生产出来的产品。

人的智能外化甚至可以将部分智能蕴于人自己的身体中,或者是由身体与用品外物共同承载某一外化的智能对象。我们能够使用电脑键盘盲打,是因为一部分低级的、简单重复性的智能融入了我们的手指(并会在较长时间里重塑我们手指的肌肉组织形态),与标准键盘设计所承载的设计师外化的智能相配合,只需少量头脑中思维活动的驱动,我们就能快速完成比较准确的打字活动。我们的大脑在将部分智能外包的基础上,可以有效地减轻压力,专注于更复杂、更深入的思维活动。

人的智能外化区别于动物的本能外化。蜜蜂筑蜂窝，蚂蚁筑蚁巢，水獭筑水坝，这些动物建造的物质实体上，不包含任何智能，它们只是动物本能的具体表现。动物的本能是专门的、单一的，而人的智能则是通用的、全能的。蜜蜂不会筑水坝，蚂蚁不会建蜂窝，水獭更不能造蚁巢，而人既能建筑蚁巢、水坝，也能制作蜂窝。不仅如此，人还能制造出模仿自然界中事物的其他物品，也可以基于人的思维想象建造任何自然界中未曾出现过的事物。

任意一件人工制品——例如一把斧子，其中都蕴含了外化的智能，其形状外观的设计、其重量的配比平衡、其制作材料的使用中包含了知识，或称外化的智能对象。虽然这些知识没有在一本斧子的使用手册中明示，虽然斧子的表面没有任何图形、符号与文字的标注，但是从未见过和使用过斧子的人仍然能够自己尝试学会如何使用它，并且从未制造过斧子的人仍然能够参考它制作出类似的产品。

我们说斧子是人制作的，实际上人不能创造斧子上的任何物质，无论是铁质的斧头还是木质的斧柄。工匠们在制作斧子的过程中运用了知识和技能，将其主观的思维注入物质中，通过改变原木和铁矿石等自然物质的状态，使具体的智能外化对象成为客观的存在。也就是说，工匠们在制作斧子的时候将智能外化于其中，或者说在外化智能的同时制成了一把斧子。尽管斧子的纯铁部分不是天然生成而是人工提纯锻造的，但是它在本质上与其他部分相比，也明显是被改造的自然物——例如伐木形成的树墩，二者是一回事。树墩至少蕴含了可以砍伐多粗的树木，以及在怎样的高度上砍伐等知识，之前对伐木一无所知的人，也可以直观地获得外化于物质状态上的这些信息，并实现智能的内化，明白怎样砍伐树木是可行的。后人在接触前人制作的产品（斧子）以及前人影响改变过的自然物（树墩）的过程中，与他接触纯粹的自然物（森林中自然长成的树木）时所获得的认识是完全不同的，因为在前一种活动中他不仅接触了物质对象，而且接触了外化的智能对象。

智能外化的逆活动是智能内化，即外化于人工物品中的知识从虚拟世界进入到思维世界。虽然我们前面讨论的外化智能的承载实体是人工制品（斧子），或是人的活动影响的自然存留物（树墩），但是未经前人触及的自然对象也能引发智能活动。我们常说人是可以认识自然的，对非人工的自然界的观察，也能带来人的知识增长、智能增益。当然，学习效率最高的途径仍然是接触图像、文字、音频和视频等保存知识的媒介。

外化不一定都是基于固定的、静态的、可长久保存的物质实体，歌唱、舞蹈都会生成稍纵即逝的外化智能对象。我们如今所熟悉的图形、符号、语言文字的运用仅仅是智能外化的一部分，是具体、明确记录知识，清晰传达信息的那一部分。口授的知识、演示的动作序列、教授的工艺流程、服务的方法规程、相对稳定的组织形态等即使没有形诸图文，但它们仍然是客观外化的智能，无论其呈现与存留的时间是短是长，无论表述者、演示者面前是否有一名学习者，无论是否将完整知识以片段形式分散地由多个人所掌握。

2.智能外化——从静态到动态

虽然说智能外化从人类原初时代就开始了，但是如今我们仍然很难给智能下一个确切的定义。值得欣慰的是，一旦我们要设法明确智能的概念，努力界定智能和非智能的界限，我们已经是确凿无疑地在运用智能，而且是较高级的智能了。侯世达罗列过一些属于智能的基本能力：[18]

- 对于情境有很灵活的反应；
- 充分利用机遇；
- 弄懂含混不清或彼此矛盾的信息；
- 认识到一个情境中什么是重要的因素，什么是次要的因素；
- 在存在差异的情境之间，能发现它们的相似之处；
- 从那些有相似之处、联系在一起的事物中找出差别；
- 用旧的概念综合出新的概念，把它们用新的方法组合起来；
- 提出全新的观念。

人类文明的历程中，甲骨、石碑、竹简、布帛、羊皮卷、书籍等仅是外化“记忆”这种单一智能的介质，它们是孤立的和分散的，它们存储的是静态的信息。例如：你在一张纸上记着去年花的钱，在另一张纸上写下了今年花的钱，它们既不会自己加总，也不会比较大小，更不会自动统计支出开销的增长情况。即便使用印刷好的对数表，如果要从一个已知数得到它的对数，那便仍然需要人通过比较复杂的思维活动去亲力亲为，按规则从纸上外化的静态“记忆”中检索到结果。

风车、水车和机械表等人造装置是能够自动运转的系统，这些自动装置不仅外化“记忆”这种智能活动，也包蕴了更复杂一些的专项智能。风车、水车从直线运动的空气流和水流中获得能量，将其转化为旋转运动，驱动磨盘等完成专门任务；机械表里的金属轴和齿轮也是把发条蕴藏的弹性势能转化为运动，从而带动秒针、分针和时针的匀速旋转。这些自动机械中不仅“记忆”了静态的系列专业工序知识（在系统停转的时候，后人可以弄懂前人设计的原理），也能在运转时具体地表现如何实践这些知识，如何通过有序的、重复的机械活动达成预设的目的。

在数字化的早期阶段，人的智能外化仍然处于水车、风车的水平，即专门的、单一的智能的外化。计算器（calculator）不仅能“记忆”你今天和昨天花的钱，也能“计算”它们的加总结果或增长率，但计算器仅仅是数学计算专用的。即便是艾伦·麦席森·图灵设计和制造的恩尼格码密码破解机，也不过是完成单一穷举功能的专用设备而已。数字化的环境中，不是所有的数字系统都是通用的，没有人把 DVD 播放机这样的装置称为智能设备，因为很显然，它是播放影音媒体专用的。

3.通用智能的外化

智能外化的里程碑竖立在通用计算机出现的那个节点上。因为只有当能够完成通用处理任务的计算机被发明出来之后，人造之物才真正突破了单纯的对“记忆”的承载，拓展到对其他类别智能的外化。只有在这个时候，虚拟世界才进化到了一个新的层面上——即我们今天所见到的数据化的虚拟世界。

作为人的通用智能外化的早期设想，巴贝奇与艾达设计的自动机被认为是通用计算机的鼻祖。[19] 20 世纪初，艾伦·图灵提出了图灵机理论，[20] 他是从模拟完成人的一般数学运算的角度设想这种虚拟机器的逻辑的。1945 年 6 月冯·诺依曼等人提出了程序存储型计算机的逻辑设计描述。[21] 基于其思想建造的二进制计算机 EDVAC（Electronic Discrete Variable Automatic Computer，离散变量自动电子计算机）于 1951 年把前人的想法变成了现实。[22]我们今天使用的计算机、智能手机等通用计算装置都是基于冯·诺依曼提出的原理设计的。

冯·诺依曼结构的通用计算机也被称为程序存储型计算机，其核心思想是将计算部分与存储部分分离，存储单元可以记录程序代码和运算数据，而可变的程序则是由来自有限指令集的程序指令编写得到的。冯·诺依曼结构的计算机拥有一种开放的、富于灵活性的体系架构，由于程序代码也被当作可操作的数据，计算机实际上可以自动修改代码，改变需要运行的程序。今天的计算机如果拥有足够的计算和存储资源，都可以模拟出其他的计算机来（即属于通用的图灵机），无论其要仿真的其他计算机原本有什么样的硬件和软件系统。当然，在计算机里模拟 DVD 机、计算器、控制台游戏机等专用功能的设备更是不在话下。

在数字化发展到数据化的今天，散存于分离孤立的、异质的、物理实体介质上的外化"记忆"，已经逐渐统一于均一的、虚拟的比特数据，基于数据通讯的互联网平台将虚拟世界连为一体。在虚拟世界里，机器不仅能静态地"存储"信息，还可以脱离人的直接干预，自动互相联络，对信息进行动态处理。也就是说，除了"记忆"这种最简单的思维之外，人的更多、更复杂的思维已经外包给了机器，很多动态的思维过程已经能够外化，并且这些过程可以是自完备的，即能够独立于人自行工作，达成预设的各类目标。人赋予机器的思维力量——外化的智能运行在虚拟世界中，其基本形态只有"计算力"、"通讯力"和"存储力"三种。机器承载的这种思维力量表现为其通用的处理能力，即被称为电脑、智能手机的设备承载了人的某些通用智能的外化。

无可否认，实体世界是另外两个世界存在的基础。思维世界是在实体世界上的生物进化过程中诞生的，而虚拟世界则来源于思维世界，并由实体世界所承载。实体世界的毁灭甚至仅仅是急剧的重构，都会导致思维世界和虚拟世界一同消失。思维世界单独消失是怎样的？不一定是人类从肉体上完全灭绝，也可能是某种病毒导致所有人都成为痴呆或行尸走肉，又或者人类退化为猿猴，那时思维世界就不存在了。但源于思维世界外化的虚拟世界可能会得以留存，直到其被另一种文明所破译，与另一个思维世界发生联系，并融入新的虚拟世界体系中。

三个世界衔接的那个中心点是什么呢？是有、无，是未知、可知，还是比特？它们也许是一回事。

4.4　统一的、数据化的虚拟世界

虚拟世界基于数据化实现了统一。所有外化的思维对象，都可以表达为虚拟世界里的数据对象。也就是说，原来你把知识分散地记录在不同的介质上，你把它们保存在石头上、龟甲上、竹简上、石碑上、布帛上、羊皮上、纸上，而现在你能把任何知识、信息都记录为光盘、硬盘或U盘里的基于比特的数据文件，毫无例外。

数据化了的虚拟世界难以想象，可以把它简单地看作一个二维的世界。一个维度是比特的数量，另一个维度是其不同的排列组合形式。或者，我们把它画成两根向两端无限延长的直线，一根线上都是0，一根线上都是1，具体的数据对象是两根线之间往复连接的、有方向的、长度有限的折线。这个二维世界中的虚拟体可能是比特的碎片，但更多的是完整的、有意义的、比特结集而成的数据对象，它可以存储一个量值，可以记录一个真假判断，可以是一篇文章，可以是一个关系型数据库，也可以是一个软件的完整源代码。

数据虚拟世界中的基本定律异于实体世界。与决定原子、分子如何构筑实体世界的四种力（引力、电磁力、强相互作用力、弱相互作用力）不同，数据虚拟世界中最基本的力是数据计算力、数据通讯力和数据存储力。而且只有这三种，不增一分，不减一毫。数据存储导致新的虚拟对象的产生，数据通讯则是虚拟对象的克隆繁殖，数据计算则使虚拟对象变形、融合、分裂与消亡。

基于人的尺度去认识，我们可以确证，实体世界对象的一个基本特性是时空的独占性，而数据虚拟世界对象在赛博空间里是非独占、非排他的。人不能在实体世界里创造任何新物质，只能改变实体世界中的物质状态。人可以创造虚拟世界中抽象的虚拟对象。人们改变实体世界物质状态的同时，新的虚拟对象就被创建了。例如，仅就绘画和写作活动而言，以前人们用的是岩石、龟甲、竹简和纸墨笔等等，现在操作的是硬磁盘中微单元的剩磁量、半导体中的PN

结。每一组宏观或微观上实体物质的人为再次排列,都对应于新的、具体的虚拟客体的产生。

不仅有从思维世界向虚拟世界的映射,也有从实体世界向虚拟世界的直接映射,带有数据通讯功能的智能传感器就是做这个的。虽然实现这种映射的指令,来自人在机器中预先存储的程序代码,这种机器对实体世界的自行“感知”已经让人开始害怕。当然,还有不依赖另两个世界的映射,单纯产生于虚拟世界的数据对象,例如因为干扰或系统异动产生的数据等等。

人们谈论“奇点”的时候[23],仅仅看到了虚拟世界对思维世界的依赖性减弱,认为虚拟世界中的虚拟对象可能脱离人自为。但虚拟世界对实体世界依赖性的本质很少被深入思考。机器“大脑”如何判断维系自己生存所需的能量、物质需要补充【觅食】? 在事关虚拟体生存和繁衍的多种需要中,哪一个的优先级最高【理性】? 各种需求的重要性的排列,又如何随环境条件动态变化【选择成本】? 虚拟世界中的一个数据对象,如何映射外化出去,导致实体世界物质能量(比如机器实体本身)的有目的变化【有意识的行动,类似于人的实践】? 目前看来,离开了人类,虚拟世界基于现有程序指令的自为可能仅会维持有限的一段时间——例如电影《星际穿越》里的那架飞了十年的无人机。要让数据对象实现如初等生命体般的自完备和可持续,我们还没有什么头绪,更别提让其能拥有类似人的通用智能,并能自主自发进行全能的活动了。虚拟世界还有很长的路要走。[24]

保罗·莱文森指出,“人们尝试用技术手段来模拟人类大脑,模拟这个思维体的活动”[25],我们不知道让机器获得真正智能的努力能否成功。两千多年前,柏拉图在《理想国》里提出了“洞穴理论”[26],即认识论中著名的洞穴寓言。一群囚徒被锁在洞穴深处面壁,洞外的人形形色色的活动被光投影在洞壁上。对于囚徒来说,每天看到的墙壁上的影子就是一切。被数据化统一的虚拟世界在急剧膨胀(即所谓信息大爆炸,对应于实体世界的宇宙大爆炸),但在笔者看来,对机器而言,它所能认识的,到目前为止,仅仅是实体世界、思维世界的二维投影而已(如图 4.2 所示)。

在宏观上,物质能量是守恒的,但信息却不是守恒的。实体世界中热力熵增,则虚拟世界中信息熵减,这个变化的趋势是单向的。从人的角度看(伴随思

图 4. 2　洞穴寓言示意图

维世界中的认识和思考活动引发的热力熵增与信息熵减)，热力熵增通常意味着自由，而信息熵减通常意味着安全。

第5章 分层的虚拟世界

数据不是信息,二者是不同层面的概念。拜现代计算机、互联网科技无所不在的影响所赐,很多人会不假思索地把数据和信息等同。《世界是数字的》一书在介绍数据时说:[27]

数据指的是通过硬件及软件收集存储和处理的,以及通信系统传送到世界各地的全部信息。

维基百科上[28],英文 Data 的释义为,

Data is uninterpreted information.(数据为未经翻译的信息。)

这些关于数据的定义都是错误的,因为在这些对术语的解释中,他们非常狭隘地把信息和数据等同了。很多文献中都像这样简单地定义数据,数据总是被胡乱表述为前面加了定语的某种特别的信息。虽然信息和数据都是抽象的,但是它们根本就不是一个层面的概念。信息更接近人的主观世界,直接连接人的认识,信息量甚至无法脱离具体的人而实现客观度量——例如,一条本地新闻对生活在当地的人来说信息量很大,但对居住在另外一个地方的人来说则没有什么信息量。信息是更高级的内容层面的概念,而数据则在底层连接着更基础的物质的状态表征。比特数据对应于光盘上排列的凹坑的集合,是硬盘中一组磁单元的剩磁量,是 U 盘存储器中一系列半导体电路的开关。

好在除了上面对数据概念的错误表述之外,维基百科上还有更准确一些的定义[29],

Data as an abstract concept can be viewed as the lowest level of abstraction, from which information and then knowledge are derived.

（数据可以被看作最底层的抽象概念，从数据中可以获取信息，并进而得到知识。）

很明显，把数据界定为比信息更基础的底层概念是更好的解释，当然，数据还不是最底层的，比特才是。从这些认识出发，我们归纳出了虚拟世界的四层体系结构，如图 5.1 所示：

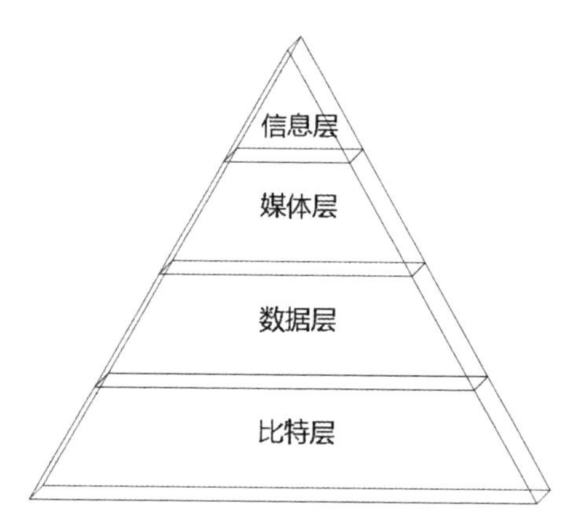

图 5.1　数据化的虚拟世界的分层结构

从这个体系结构的最下面开始，数据和比特不仅仅承载着影音和文本等媒体，而且它们还支持更广范围的程序代码、纠错信息等，它们构成金字塔的下层底座，是数字化与数据化条件下虚拟世界的基石。它们向上重新塑造了媒体的形式，也影响了媒体的内容。例如，由于媒体信息和程序代码能够被混合传输，我们有了嵌入网页中的微视频，在那里我们既可以观看影片，又可以同时阅读文字简介、评论以及同类作品的列表；我们也有了交互的 Flash 动画，我们可以通过人机界面与软件程序进行互动，而不是被动地观看。媒体与我们认识世界的感官相连接，以声、光等为介质，向我们传递信息与内容。

5.1　信息层

在这一纵向体系中，与我们直接接触的是整个结构中最高级的应用层——它为人们提供内容和信息。传播学关注这一层次中的信息，艺术学研究的重点则是这一层次对应的内容。通过这个界面，我们与虚构的影视作品所表达的内容相接触，非虚构的活动影像与声音所再现的信息则丰富我们的感知。

这是“信息化”这一概念对应的层面，和“数据化”一样，这个词汇也是中文里独有的。在这里，我们讨论创作者所传达的、欣赏者所获取的信息量，我们也关心内容是否被干扰、扭曲。

与数据相比，信息与内容是更为主观的。一个人手中虽然掌握了某些数据文件，但他并不一定能获得其中完整表达的信息，而另一个人却有可能从中得到有价值的内容；即使两个人同样能理解数据文件中蕴含的信息，但同样的信息对两个人的意义、价值也不一定相同，因为其内容对一个人来说也许是司空见惯的，而对另一个人来说，则可能是全新的，其中蕴含了巨大的信息量。在信息与内容的获取和把握方面，人的思维世界中已有的知识和经验起到了关键性的作用。

我们所处的时代经常被称为“信息爆炸”的时代。在资讯系统发达和自由传播的社会中，很多人乐观地宣称，“信息匮乏”早已不复存在。但我们现在面临着新的困难，因为信息过多而且泥沙俱下，从其中寻找和过滤我们需要的信息变得越来越重要。为处理以几何级数积累的大量信息，人工的信息增值与自动的信息整合成为我们的支援力量。

门户网站等汇聚信息的场所很少自己生成新的内容。它们的内容来自各种传统的和新兴的信息来源。每天，门户网站的编辑从合作的报纸、电台、电视台接收各类新闻消息，并从博客、论坛中发掘新鲜言论，编辑们将一篇篇文字归类和制作专题，或者为网络视频添加醒目的标题。这些工作让原来的内容增值，因为在这个过程中，“关于信息的信息”被创造出来和发挥作用。

除了以上这种需要大量人工信息处理的工作方式之外，越来越多的任务也被自动化的程序承担。人工智能处理系统虽然目前在准确性、错误率方面与人工处理存在一些差距，但是它在信息处理速度、效率方面却有非常大的优势。谷歌这样的搜索引擎使用的就是被称为“网络蜘蛛”的信息自动获取工具，按照特定的规则快速从互联网无以计数的开放网站上收集内容，这样的工作每一分每一秒都在进行，在单位时间内积累的信息是前面所述的人工方法望尘莫及的。在这样的过程中，“网络蜘蛛”会自动形成页面内容的摘要，提取重要关键词以备用户检索。同时，大量的页面也会被缓存在数据库中，因此即使在信息来源的网站上原始内容被删除,我们仍然能够在其后很长的一段时间内,从搜索引擎的数据库缓存中找到它们。

半人工和半自动结合的信息整合机制也在不断发展,微博、博客和各种网上社区就是典型的代表。在这种被称为 Web2.0 模式的环境中,[30] 人工部分的任务多数由用户完成。用户提供原创的内容(例如,自拍的视频短片),或者上传从其他地方复制的资料。除了定义内容的标题之外,有时用户还需要做一些额外的简单工作,例如将其负责的内容进行分类,并且为它们贴上虚拟的标签(Tag)。这些类别名称和标签不但起到了关键词的作用,还能将大量相似的内容相互链接与聚合在一起。除此之外,网站的程序还能对文字内容进行智能分析,为重要的关键词自动生成链接。

尽管这种被称为用户内容生成(User Content Generation,简称 UCG)[31] 的新机制正在完善之中,但其对于信息化的重要意义却已经开始显现出来。因为在这种模式中,内容和信息不再来自于单一的、静态的点(例如,门户网站或搜索引擎),而是来自于因特网上动态增减的大量个体。在这种应用中,每一个独立的人都被置于中心地位,机器、程序和为用户提供支持的企业与机构则退居幕后,这让信息的自主交流和内容的创新前所未有地受到了鼓励。

由于发展时间不长,所以到目前为止,在这个应用层面上的大量工作还是围绕文字开展的。自动分析视频内容的技术现在离真正成熟还有一定的距离,海量图片的智能处理刚刚开始使用,而声音转文本及其中信息的提取和索引也仅仅是最近才有高准确率的成功案例。

5.2　媒体层

这里讨论的“媒体”是虚拟、抽象层面的,与之对应,媒介或传播介质则是实体层面的。媒体提供直接作用于我们感官的手段,将内容和信息用文字、图形、图像、音频、视频等形式呈现出来。作为上一层的支持者,作为内容与信息的承载者,具体的媒体对象中既有可能蕴藏着丰富的信息,也可能包含较少的信息甚至不含任何信息。

多媒体和新媒体等概念也是在这个层面上被定义的。这个层级中的对象对应于我们的感官，对应于内容的不同声光电表达形式。同样的信息既可以用文字表述，也可以记录为声音，或者用图片和视频直观地表现。例如，2009 年初获得奥斯卡奖的影片《朗读者》，改编自德国作家施林克的同名小说。[32]这部小说也发行了语音书，让大家可以通过播放 CD 收听其内容。当我们讨论媒体的数字化或数据化时，可以列举其不同媒体形态的数据对象，它们分别是影片《朗读者》的视频文件（视频媒体）、《朗读者》电子书（文本媒体）和《朗读者》语音书（音频媒体）。

我们称影视为综合媒体，是从横向的角度将其表现要素分解为其他的基本媒体形态，例如，语言文字、声音、图形与图像等。虽然影视作品和多媒体作品（通常被称为 Title）中都包含上述多种基本的媒体类型，但是影视与多媒体概念存在本质的差别，二者的不同之处在于统一性、综合性，或者说是单一媒体的相对的独立性。

多媒体作品中的单一媒体要素有更强的独立性。例如，一个多媒体作品的声音部分，其音乐通常不是为该作品创作的，而是一个独立的作品；其音效往往来自通用的音效库。而电影中的声音往往是针对特定的影片设计的，配乐需要重新创作，以便与影片的艺术风格相一致。在制作电影中的音效时，如果用到常见的玻璃破裂声，也不能直接引用音效库中的片段，而需要在现场或录音棚重新录制，并与影片场景所对应的环境声相混合，以确保其与影片内容中环境氛围的表现相匹配。多媒体作品中的文字可以独立成篇，其中的视频也是内容相对完整的短片。电影中的动态画面离不开配音（除非其是早期的默片电影），其文字、对白与画面也是共生的关系。

单一的媒体在多媒体这个概念产生之前就已经是独立的了，为什么在数字化时代，当我们把它们混合在一起的时候，就得到了新的对象——多媒体呢？这是因为单一的媒体拥有了相同的结构本质——数据。在信息化、数字化和数据化之前，在大众传播领域，文字是印刷在纸张上的油墨，图片是洗印在相纸上的化学颜料微粒，声音和视频是记录在录音磁带和录像带上的磁迹。它们原本拥有不同的存在形态和时空属性，是数字化让它们统一为比特，是数据化将比特组成集合，形成标准化的、开放兼容的数据文件结构体。对应单一媒体内容的比特数据可以自由组合，造就了多媒体这样一种综合形态，并表现出全新的性质。

5.3　数据层

就层级之间的关系而言,数据层为媒体层提供支持,以数据的形式记录媒体。当然,对应于数据客体的这一层的范围大于更高的层级。数据不仅能被用来记录文本、图形、图像、声音、动画和影视内容等媒体,还可以承载其他不作用于人的感官的非媒体类对象,例如保存量值、程序代码、控制信号、纠错数据和冗余量等。

无论是保存影视内容还是文本、图片、声音,数据类型,都应遵守一种大家都认可的规范,它确保在影视作品的呈现过程中没有障碍。一个符合数据类型规范的具体对象是一个数据实例。例如,保存在数据光盘或硬盘中的电影《朗读者》的 avi(Audio Video Interlaced,音频与视频交错存储格式)格式视频文件,这个数据实例中承载了更高层级的媒体,包括活动影像画面、声音和文字字幕等。

遵循业界公认的开放原则,数据类型的定义应该是透明的,这是衡量数据友好性的主要指标。虽然并不是所有人都需要了解每一种标准数据类型定义的细节,但是应该确保任何个人只要愿意,都可以学习和掌握相关的知识。尽管对数据的滥用可能会带来安全隐患。

由于当前技术环境的限制,我们通常需要以高比率的压缩来支持影视等数据密集型媒体。为图像和声音设计的非压缩数据类型已经出现和被广泛使用。例如,对于图像来说,除了有使用面最广的压缩的 JPG(Joint Picture Group,联合图像专家组定义的格式)数据文件格式之外,我们能在越来越多的地方看到可以不压缩保存静态图像的 PNG(Portable Network Graphics,便携网络图形格式)数据文件格式;对于声音来说,除了有目前最普及的压缩的 MP3(MPEG-1 Audio Layer 3)数据文件格式之外,还出现了能以不压缩形式保存高质量声音的 APE 数据文件格式。但是,由于影视内容数据量非常庞大,在目前条件下,除了专业影视制作单位的设备中以外,还很少有人在其他场合下使用不压缩数据格式对影视节目进行存储。

压缩过程是非常典型的在数据层上对客体时空资源有大量占用的操作。

根据选择的不同压缩方法，压缩有可能带来影视作品质量的损失，有时可能不会。在压缩的过程中，主要是计算力发挥作用。借助对具体影视内容数据的分析统计，结合规律性的专业经验和人的视觉生理特点，原始视频数据中的冗余部分被抛弃（无损压缩），或者是不重要的画面信息被去除或削弱（有损压缩）。压缩的目标是在存储时占用更小的空间，以及在通讯和传输时花费更少的时间。而其代价是在传播过程的发布端和接收端、压缩和解压过程中的时间付出，以及计算资源的大量消耗。

在与内容直接对应的数据被压缩的同时，还有额外的新数据被添加。看起来这似乎非常矛盾，因为它与降低对存储空间要求和减少通讯时间消耗的目标相抵触。实际上，这些数据必须被添加，因为它们是“关于数据的数据”，是关于计算、通讯和存储的元数据。只有在数据源那一端记录下这些数据，并忠实地传送到接收端，接收端才能够知道记录内容的数据采用了哪种编码，运用了哪种压缩方式，并用相应的逆向方法将对应于内容的原始数据释放出来。

元数据是人类认识过程在虚拟世界中的一个对应产物。[33] 当人类的祖先发明了 1、2、3、4……这样的计数符号之后，写下这些符号的人和阅读这些符号的人都需要预先掌握，这些符号每一个到底代表几根手指。三根手指对应于符号 3，这需要每个人反复学习并识记，否则人和人之间无法用阿拉伯数字符号传达关于数量的基本概念。在用数码照相机或手机拍摄一张数码照片，并以 JPG 格式的文件记录画面和相关的元数据之后，文件被传输到电脑中，系统软件和应用软件之所以理解该图像文件中的元数据信息，可以从文件头中迅速知道，这张照片拍摄的准确时间、拍摄的地理位置坐标、使用了哪种白平衡、曝光时间长度（快门速度）和光圈大小等，就是因为有统一的元数据记录标准（如图 5.2 所示）。如果所有系统——包括拍摄系统和处理系统、传输系统——对元数据的定义完全符合标准，那么我们在使用中就不会有任何障碍，所有过程也可以完全通过硬件和软件配合自动完成。

5.4 比特层

比特是数字化的最基本单位。在物理上，比特表现为两种有明显差别的状

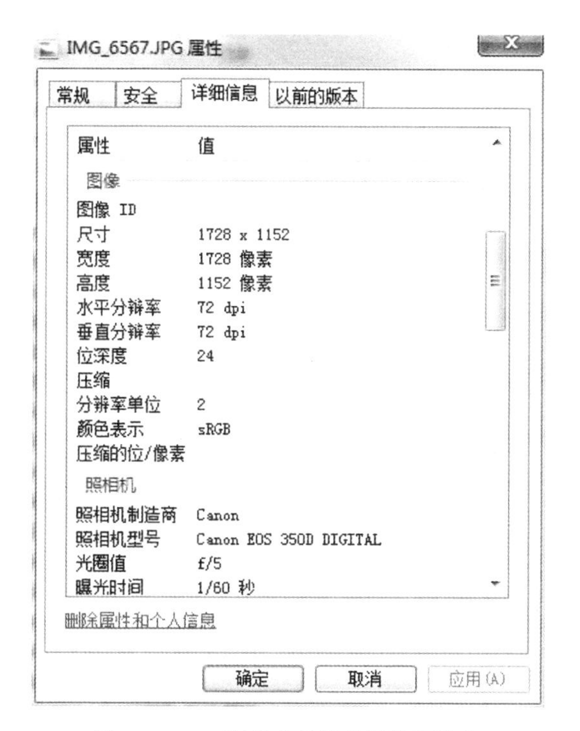

图 5.2　JPG 照片中的部分元数据信息

态:电荷的多少,电压的高低,磁单元的极化方向,表面的凹与平。

虽然比特只有两种互斥状态,但是它们可以经排列组合构造出无数种类型的数据。比特与数据的关系,与原子和分子的关系类似。就像我们生活的物质世界中的分子一样,虚拟世界中的数据类型种类繁多,它们相互竞争、兼容共存。例如,仅仅是保存影视内容的视频文件的类型就有数百种之多。任何人、任何机构在掌握了数据类型的构造规则的知识之后,都可以自己将比特组合定义新的数据类型,就像化学家利用有限种类的一百多种原子可以不断合成出新的分子一样。

比特所代表的层级是这一纵向结构中金字塔的基础,对应的是数字化的虚拟世界的基本抽象单元。在虚拟世界的数字化、数据化部分出现的最早阶段,从模拟到数字的转换(A/D 转换,Analog/Digital)导致比特的诞生。之后紧接着的是对比特的结构化和群组化,一般情况下,数据就是通过这样的过程形成的。

无法接受数据化这一解释的人可能会反驳说,关注信息科技的重要意义,只需要讨论数字化就够了，或者在前面加个定语，讨论开放透明的数字化，没必要搞出数据化这样一个新概念和新体系。因为所有的比特都是结集存在的，应用中没有什么游离的单个的比特，所有比特串流中包含的都是被定义过的结构组合。按照这个思路，我们对活字印刷的认识，是否还是停留在它与雕版印刷是一回事上呢？毕竟，那不过是雕版缩小到每一个字的大小嘛；我们对集装箱物流的看法，也还是停留在它是另一个装运货物的运输容器上吗？毕竟，集装箱也就是一个大号的铁皮箱而已；我们对分子的认识，还是停留在那只是多个原子的不同组合上吗？很显然，固守线性的、增量的思维的人无法看到真实世界中影响深远的质变，尽管广大的潮流追随者纷纷为“大数据”欢呼，但透彻理解其中曲折反映出来的比特数据概念的重要意义的人还是寥寥无几。

第6章　三种力量支撑的虚拟世界

信息科技给社会经济生活带来的变化，归纳起来有三类。一类是记录保存的格式，一类是传播的形式，一类是处理的方式。数字化仅仅是开始，今天我们看到这三类活动已经在全面融合。一方面，承载外化智能的虚拟客体被统一表达为数据形态；另一方面，人类的思维世界的智能活动则大规模地被外化为数据计算、数据通讯和数据存储这样所谓的机器智能。

6.1　三种趋势

我们观察从CD数字音乐到MP3音乐应用、从DVD和蓝光盘到网络视频、从DV摄录到用单反数码相机和智能手机拍摄视频的变迁，种种现象里清晰地反映出三种趋势：

1.记录保存的形态从多种多样的音频轨、视频轨、码流等，转向了统一的数据文件；

2.传递信息的介质从纷繁复杂的光盘、磁带、专用闪存卡和数字专用网（例如SDI网等），转向了统一的互联网和计算机有线、无线网络；

3.处理系统也从花样百出的专用录放音设备、摄录装置等，转向了基于通用计算的、可扩展的计算机系统或智能设备。

这三种趋势无所不在。

在《免费》一书中，克里斯·安德森谈到让免费在今天大行其道的信息科技力量，“免费经济学的兴起是由数字时代的科技进步来推动的。就像摩尔定律所指出的趋势。电脑处理器的价格平均每18个月就会下降一半，而网络带宽和存储器的价格下降的速度则更快。互联网的作用就是将三者融合在一起，在科技的三重作用下加速价格下降的趋势。处理器、带宽、存储器构成了价格下行的三驾马车。”很明显，这里的处理器的发展对应于上述的第三种趋势，带宽的变化对应于第二点，存储器则等同于第一项。[34]

6.2 计算、通讯和存储

关于发端于20世纪中叶的信息科技的基础，现在很多理论都谈到了C&C，即计算（Computing）和通讯（Communication）。但是，计算的东西是什么，以及通讯的时候传输的东西是什么，在这些研究中却都被忽略了。[35]其实，这才是问题的关键所在。有些理论中还会加上另一个“C”，即消费电子（Consumer Electronics），这明显是荒谬的画蛇添足之举，为了追求形式上的一致性——三个C，硬塞进去一个与其他两个不在同一逻辑层面的商业概念，这种胡乱的拼凑堆砌让科技现象的观察者、科技理论的研究者一下子置身于热闹的电子卖场。

有些研究者意识到了潜藏的客体的重要性，因此他们在前面3C的基础上增加了第四个C，即内容（Content）。但问题是，在半导体、大规模集成电路、计算机和数字通讯技术出现和普及之前，我们早已有了内容，内容这一概念的引入不能代表新技术、新媒体的独特之处。这第四个“C”加得过于牵强，而第三个C所代表的消费电子更是与前两个C明显不属于同一范畴。

实际上，真正重要的第三个概念是存储（Storage）。20世纪40年代，艾伦·图灵在为盟军设计破译德军通讯密码的通用自动机（现代计算机的前身）的过程中，已经构思了程序存储的概念。他设想将程序存储在计算机内部，而不是靠磁带或穿孔卡片即时传输指令。在计算机的发展历史上，这是最重要的思想之一。这一思想在1951年前后被冯·诺依曼完善和实现。当时，为了解决电子数字积分计算机（ENIAC）计算速度过快的问题（由于为计算即时提供数据的穿孔卡和磁带的速度相对过慢，无法跟上计算机运行节奏），冯·诺依曼设计了真正意义上的计算机存储器——这种存储器不仅能够存储程序，而且还可以存储数据（当然程序也属于广义的数据范畴），由此诞生了首台使用二进制运算的电子离散数据计算机（Electronic Discrete Variable Automatic Computer，简称EDVAC），而其所实践的广义存储概念，则成为其后所有计算机体系结构设计的基础。

当技术专家仍然在纠缠3个C还是4个C的时候，历史学家已经在关注数字化时代中存储的意义。斯塔夫里阿诺斯在其历史著作《全球通史》中这样介绍我们正在经历的信息革命：[36]

这场革命包括两部分：积累信息和传播信息。今天积累知识的速度是空间的和爆炸性的——仅世界各地每24小时公布的科学信息的数量就足以填满7套24卷一套的《不列颠百科全书》。同样空前的和爆炸性的是用计算机储存和检索信息的速度，以及光速——特别是通过卫星——向全世界传递信息的速度。任何国家的任何人都可以通过报纸、杂志、电视机或计算机得到这些信息。

在这段简短而精辟的论述中，除了计算和通讯之外，"积累"—"存储"的意义被反复强调。因此，基于对"存储"的重要性的深入认识，笔者将其与"计算"和"通讯"置于同等的地位，提出概括信息科技与数据化本质的CCS-D的核心，即以数据（Data）为中心的计算（Computing）、通讯（Communication）和存储（Storage）。其中，存储作为被长期忽略的、必不可少的第三个要素，与计算和通讯（C&C）形成不可增减的、完备的数据化理论基本架构（CCS）。而作为以上三种活动的目标和对象，数据（Data）客体的重要意义也应该被强调（CCS-D）。

尼葛洛庞帝教授是麻省理工学院媒体实验室的创办人，在《数字化生存》一书中，他用一个生动的事例提醒我们比特数据的巨大价值：[37]

最近，我参观了一家公司的总部，这家公司是美国最大的集成电路（integrated circuit）制造商之一。在前台办理登记的时候，接待员问我有没有随身携带膝上型电脑（laptop）。我当然带了一部。于是，她问我这部电脑的机型、序号和价值都是怎样的。"大约值100万到200万美元吧！"我说。她回答："不，先生，那是不可能的。您到底在说什么呀？让我瞧瞧。"我让她看了我的旧"强力笔记本"（Power-Book）电脑，她估计价值大约在2000美元左右。她写下了这个数字，然后才让我进去。

问题的关键是，原子不会值那么多钱，而比特却几乎是无价之宝。

这个例子的提出，是为了强调数字化的意义，它说明了为什么比特比原子更重要，有更高的主观价值。每个人遇到同样的情况，都会很自然地认同尼葛洛庞帝教授对他所使用的笔记本电脑价值的判断。从用户的角度看，电脑的中央处理器、显示屏和其他昂贵的部件都不如其存储单元——硬盘那样重要，而硬盘之所以重要，正是因为其中保存的那些比特所记录、所存储的文章，以及所积累的知识和思想——即外化的“记忆”。

6.3　面向数据的计算、通讯和存储

数据存储的意义体现在基于比特数据的抽象状态组合上，它为我们实现了“记忆”这种智能的外化。像之前在石头上、龟甲上、竹简上、石碑上、布帛上、羊皮上、纸上的记录一样，数据存储主要帮助人们达成对时间约束的突破。但与之前不同的是，抽象的比特数据超越了光盘、磁盘与半导体存储器这样的物理介质，在新增的虚拟层面上，它实现了智能外化形式的统一。[38]

前面尼葛洛庞帝教授的笔记本电脑估值的例子不仅揭示了比特的价值，也暗示了数字化脆弱的一面。原来写在纸上的文章现在被保存在磁介质上，我们无法直接看到、摸到这些比特，而是需要借助复杂的硬件和软件才能读取它们。与把文字记录在纸上相比，把它们保存在电脑硬盘中曾经总让我们提心吊胆。很多人都经历过电脑硬盘损坏，存储的重要文件丢失的灾难。如果丢失的是只此一份的原创的、珍贵的资料，那么这种灾难的确让人无法承受。我们会后悔没有对这些资料进行备份，我们会自责过于敝帚自珍、过分强调资料的保密工作，没有预先把这些文件的副本分享给那些非常需要它们的人。数字化给我们带来了很多便利，但如果我们不注意保持比特的标准化、开放性、兼容性、通用性和共享，而且从狭隘的个人或团体利益出发给比特套上枷锁，那么数字化就会像这样出乎我们意料地给我们以深刻的教训，而数据化的目标之一，正是要避免这种现象的发生。

就像存储不应该再被简单地局限于比特，而应该是围绕透明的、标准化的、兼容的和开放的数据那样，C&C 理论中所主张的通讯和计算也应该被重新审视。原来我们熟悉的数字通讯和数字计算，面临着向数据通讯和数据计算的历史性转变。

数据通讯的意义在于信息的复制，数据副本在实体世界中以光速跨地域传

输，帮助人们实现对空间约束的突破、超越。

在互联网被推广之前，数字通讯技术和应用早已存在经年。只有当基于数据交换的IP（Inter-Network Protocol，即网间通讯协议）网络原则建立起来之后，因特网才迅速被普及，全世界才真正地实现了全面的连接。[39]这种连接，不像基于数字通讯的电话网络那样主要传递语音，而是传递通用的数据。数字通讯网络传输语音（打电话）采用一种机制，传送文字（发送短信）采用另一种机制，传送纸面文件（传真）采用一种机制，传送图片（发送彩信）又采用另一种不同的机制。除此之外，数字通讯网络能够支持的媒体类型屈指可数，而且每一种不同媒体的应用都需要一套全新的工作模式。但是基于数据的通讯平台则根本不需要考虑这个问题。无论是文字、图形还是图像，无论是音频、视频还是程序，对数据通讯系统来说，它们都可以被打包成标准化的数据报（Datagram），平等无差别地在网络中自由传递。在无线数字网络中，我们不得不关心如何将数据通讯嫁接在数字通讯系统上，例如IP over GPRS和IP over CDMA，这样才能花费巨大的代价让手机移动上网，开展简单的WAP应用。现在我们知道，更重要的是必须直接建立WiFi这样的覆盖广泛的无线数据网络，让最传统的语音通讯和其他所有不同媒体的传播都以数据的形式完成，这就是基于数据的"统一通讯"。

数据计算的意义在于处理旧数据，生成新数据，以空间或时间为成本对二者进行相互转化，帮助人们实现对时空约束的突破、超越。

在数字计算领域，专用计算和通用计算竞争的背后就是对"数据"意义与价值的不同认识。CD播放器和DVD播放器是数字化的设备，但它们是专用的计算系统，其中的处理芯片只能对数字音频和数字视频进行解码，它们不能支持比视频和音频简单得多的数字化的文字信息，我们无法用这两种机器修改文章，更不用提用它们对数码照片进行修饰了。个人计算机这样的通用计算系统能够实现CD播放器和DVD播放器的所有功能（还有其他各种专用计算系统的功能，例如MP3播放器、数字打字机等的功能）。但在以前，由于其使用的复杂性和相对昂贵的价格，通用计算设备与专用计算装置在应用领域中平分秋色。专用计算系统因为能以同样的规格被大规模生产，所以一直有价格低廉、使用简便的优势，但这样的优势随着通用计算设备的大范围普及被逐渐打破。手机原来是典型的专用计算设备，最初它只被设计用于处理语音。在其诞生之后不长的发展历程中，新的功能被不断添加上去，从文字处理到照片拍摄，从音乐播放到游戏娱乐等。如今的手机已经全面走向智能化，它更像一台个人数字助理器（Personal Digital Assistant，简称 PDA）。手机中原来只为数字语音进行计算的专用处理器，如今早已被以数据计算为中心的通用计算芯片取代，手机中的软件像电脑一样分化为操作系统平台和应用程序两大类别。从手机体系结构看，它已经演变为进行通用数据计算的便携式微型计算机。这种便携式的微型计算机已经和网络笔记本计算机以及用于桌面的台式个人计算机一道，成为在数据化时代长大的年轻一代人生活、学习与工作的中心。他们可以不要电视机、不要数字机顶盒、不要 CD 数字音频播放器、不要 DVD 数字视频播放器、不要有线数字程控电话、不要数字视频游戏机等专用计算装置，他们只需要计算机和智能手机这些通用数据的计算和处理设备，来帮助他们学习、工作、社交和娱乐。

6.4 虚拟世界中的数据与实体世界中的人：客体和主体

在信息时代，围绕数据的通讯、存储和计算可以说是目前社会上最常见的活动了。通讯、存储和计算是动词，数据是这些动词的宾语或定语，因此，数据通讯、数据存储和数据计算是更精确的表述，而这一表述背后隐含的主语，及活动的主体——“人”是不言而喻的。

人是数据化基础理论框架中的主体，虽然我们很少直接对此加以说明。通讯、存储和计算都是外化于机器的人的智能活动，虽然这些活动表面上是由众多的硬件设备和复杂的软件程序具体地实现，甚至有很多专业人员也不能完全了解其工作的每一个细节。没有一个计算机的硬件、操作系统和应用程序软件不是直接或间接地源于人的智能。无论科学幻想小说和电影中如何编织耸人听闻的故事情节，描绘计算机产生了像人一样或超越人的思想，都无法逾越人的自由意志这一终极屏障。毕竟，这些故事并非由机器，而是由人——即小说的作者和电影的编剧们虚构创作出来的。

作为客体的数据也是由人的通讯、存储和计算活动所具体定义的。例如我编写一个计时器程序，其中主要使用的是由数字的小时、分钟和秒，以及它们中间的冒号组成的时间型数据,它们是我的计算活动的客体;当我把源代码保存为以 HugeTimer.vbs 命名的 Visual Basic 源程序文件时,就在磁盘上记录了一个主要包含英文字符表示的程序代码的数据对象,这个文件是我的存储活动的客体;我编译好这个程序之后,用电子邮件附件的形式把 HugeTimer.exe 文件发送给我的同事,同样,这个可执行的文件是我的通讯活动的客体。毫无疑问,它们都是数据,但它们不是大统计所讨论的数值,并不直接反映大、小、多、少这样的量化信息。

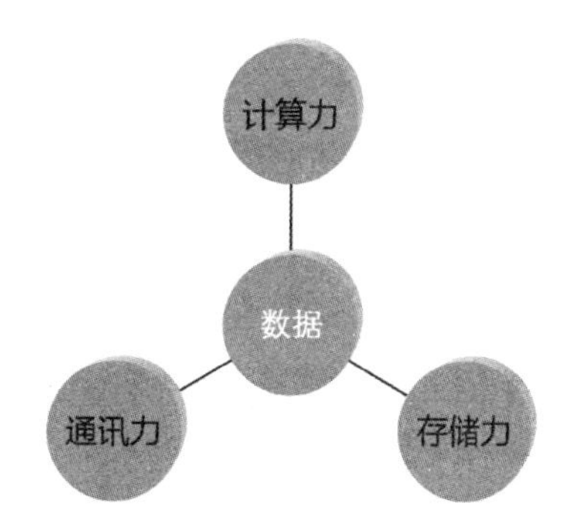

图 6.1　以数据为核心的三种力支撑了虚拟世界的框架

数据是计算、通讯和存储这三种人的行为的出发点和目的地,以数据为中心,我们确立了 CCS-D(Data Centric Computing,Communication and Storage)框架,作为数据化理论的核心框架(如图 6.1 所示)。针对数字化、信息化中这一新的数据化方向,我们对计算、通讯和存储进行重新表述,由此形成“数据计算”“数据通讯”和“数据存储”这三个更能明确表述我们当前所处科技现状的概念。在实际的应用中,这三者是相辅相成的。数据计算是通用计算,计算对象可以是但不限于数值、文字、图像、音频或视频等单一的媒体;数据通讯是基于数据包交换的通讯,互联网是最典型的数据通讯网络,通讯内容可以是但不限于数值、文字、图像、音频或视频等单一的媒体;数据存储是基于公共记录与交换格式的保存的对象,可以是但不限于数值、文字、图像、音频或视频等单一的媒体。数据让艺术作品、知识和经验等以抽象的、客观的和透明的形态存在与延续,它让信息和内容尽可能少地依附于像磁带、光盘这样的具体介质,它确保人类文明成果能以一种超越历史上任何阶段的、统一的方式被积累、传播和共享。

第7章 世界之间的界面

虚拟世界和实体世界并非完全独立，它们是相互关联的。在这两个“世界”之间，有双向的桥梁将它们连接起来。

从实体世界到虚拟世界，有数字化仪和各类传感器联结。数字化仪依赖人的主动操作，从实体世界向虚拟世界传递比特、数据。最常见的鼠标和键盘就是数字化仪，其他数字化仪还有笔记本电脑上配备的触摸板、手写板和轨迹球等。传感器通常不需要人的主动操作，就能将实体世界的声、光、热、电等转换为比特、数据。连接电脑的麦克风、摄像头，接入楼宇安全网络的烟雾报警器、红外报警器等都属于传感器。这些东西本质上是一回事。

从虚拟世界到实体世界的界面要简单得多，基本上也就是扬声器和显示屏这两类。赛博空间输出的信息，无论中间经过多少环节、如何作复杂处理，它们最终还是要回到人的主要感官——耳朵和眼睛的。当然，诉诸我们视觉的屏幕是最主要的人机界面。

在今天，屏幕变得越来越多，也占据了人们越来越多的注意力，在社会生活中发挥着越来越强的影响力。屏幕作为人造之物，原本被人当作一种工具，它们甚至都算不上是一种独立的工具，只能算作是工具的一部分。但如今人们发现，这些屏幕早已无处不在。它们既像一面面镜子，人类从中可以看到自己，又像一个个“主宰”，它们支配和塑造了新的人类。它们“改变了现代生活的一切，成为人类文化背景的一部分，甚至成为人类自身的一部分。”[40]

有些现代媒介的研究者悲观地断言，由于屏幕占据了话语的强势，人们会变得比历史上任何时期都更加内向。现实世界似乎的确在向着这个方向发展。屏幕上适时地出现了很多以宅男宅女为主角的电影和电视剧作品——例如电视系列情景喜剧《大爆炸理论》(*The Big Bang Theory*)等等。而具有讽刺意味的是，这些电视剧受到如此热烈的追捧，更进一步地证明了有很多人喜欢待在家里观看这些美剧。他们心安理得地透过屏幕访问网络上的论坛、博客、社交网站与爱好者群，在虚拟空间里交流与电视和电影相关的信息，而不是走出房门，到现实世界中去和别人面对面交往。就这样，今天的文学和影视作品里的主人公，已经逐渐变成不善言谈、缺乏运动、身材瘦削、衣着邋遢、头发凌乱、面色苍白的宅人，而他们苍白的脸庞上毫无例外地隐隐显出屏幕的反光。

然而这些研究者并没有注意到，与此同时有另一种趋势正在发展。如今的年轻人已经不再像二十年前电视机前的“沙发土豆”了。他们不仅仅是被屏幕吸引，被动地坐在屏幕前面接受娱乐，而是会与屏幕进行沟通，或利用屏幕与他人进行交流。在“镜子”和“主宰”之外，屏幕也成为人们通向另一个世界的“窗口”，这一扇扇窗被置于我们所处的世界中，向我们展示二维的活动画面。这些活动画面或者是来自另一个现实空间的映像（即摄像机拍摄的影像），或者是来自虚拟的电子世界、赛博空间的映像（即电脑中生成的CG影像），也可能是来自二者的混合（即合成影像）。呈现映像的屏幕二维空间是一个有局限性的平面，它是对更大范围映像所作的裁切。影视创作人员通过设计、营造和持续地选择与确定这个有限的矩形中包含哪些内容，实现自己的创作意图。屏幕也是每个个体与社会中另外的个体沟通的桥梁。人们与屏幕直接面对，又间接地与他人沟通，屏幕是传播学中传播信息的信道最前端，是虚拟世界与现实世界的接口，是麦克卢汉所说的典型的“人的延伸”。

人类学家爱德华·霍尔曾经根据人与人交往的空间传统，讨论了其在文化中的意义。他将人与人之间的距离关系分为四种，即亲密的、个人的、社交的和公众的。[41]这四种距离关系也可以用来分析人与屏幕的关系。在工作和生活中，人们面对的屏幕虽然很多，但是主要可以划分为四种，包括电影屏幕（在英文中是Screen，在中文中则更多被称为银幕）、电视屏幕、电脑屏幕和手机屏幕。目前诸多论述中仅仅提到三种屏幕，[42]有的划分方法是基于屏幕的尺寸，如电影屏幕、电视屏幕和手机屏幕；有的则将视点局限于电子媒介，如电视银屏、电脑屏幕和手机屏幕。这些分析中或者忽略了现在已经高度电子化、数字化的电影屏幕，或者将电视屏幕和电脑屏幕混为一谈——而实际上二者虽然尺寸相仿，却有着本质的区别。

7.1　电影屏幕

在历史上，从戏剧剧院到电影院，电影首次让观众的艺术体验对象转向间接的媒介——屏幕。戏剧的体验时空与电影作品的体验时空既有相似之处又有区别。剧场是基于三维现实空间的，剧场中的演员、布景是真实的。如果他们愿意，戏剧演员可以走下舞台，穿行于现场当中，与观众进行丰富的互动；电影是在二维屏幕空间中呈现的。电影作品呈现的所有活动在另一个时空——创作时空中完成，屏幕中的演员无法像戏剧演员一样，与观众在现时现地分享剧作的内容。但电影能够为观众提供一种类似于梦境的体验，电影屏幕是观众通向梦境世界的桥梁。虽然这个梦境世界不是由观众脑中的潜意识所生成，而是由电影创作团队精心营造的。电影工作者就像《盗梦空间》里的梦境设计师，影片的欣赏者坐在影院中被“注入”梦境。尽管观众不能像该片中的人物那样影响梦境的内容，但他们仍然是处于清醒的状态，在这其中，观众与电影屏幕的空间关系对体验活动有重要的影响。

电影屏幕与观众的距离关系类似于爱德华·霍尔所定义的“公众的”类别。这一范围暗示电影院是一个比较正式的场合，而“看电影”这种行为在今天已经演变为具有一定仪式性的、非常规的社会活动。观众通常需要安排特定时间，在影片上映档期专门离家外出来到电影院，才能欣赏到自己感兴趣的电影作品。正因为如此，如今人们一年观看电影的时间非常有限。即使是最狂热的电影爱好者，其待在电影屏幕前的时间也无法与电视剧爱好者面对电视机的时间相提并论。

社会活动中重要人物与公众见面时，通常也在与影院中屏幕相似的“公众的”场合出现。事实上，电影院的确常常被用来举办演讲、开大会和作报告。在这样的环境中，银幕换成了报告人就座的主席台。电影观众像报告会中的听报告人一样，仰视位于水平视线高度之上的电影屏幕（或作报告的人）。统统面朝一个方向坐在密集而整齐的人群中，每个观众自由活动的空间有限，其个人情感的表达也受到限制。由于影院中的环绕立体声效果与全黑的环境，观众的注意力基本上被屏幕完全占据。和电影屏幕中演员们的上蹿下跳、激情澎湃或声泪俱下相比，安静地坐在影院座位上的观众相对被动和消极。

7.2　电视屏幕

电视机与观众的距离则可以比拟霍尔理论中"社交的"类别，这是几个人共同活动的空间范围，与一个单位中同事们在办公室的交流环境相似。电视屏幕与家庭成员的互动主要发生在家里的客厅——这也是一个可以举办社交聚会的空间。在这样的场所中，每个观众的活动自由比在电影院中大得多，他们可以随时离开屏幕到别的房间，或者边看电视边从事其他活动。从时间角度考察，在部分情况下，观众按照电视台播映的精确时间观看电视剧等特定节目，在另一些情况下，观众只是在工作以外休息时，随意从几十个甚至上百个频道中选择自己感兴趣的内容。

在观看者与电视屏幕之间，红外线遥控器的作用与社交时人与人之间的视线沟通相似。与电影院里的情况不同，这里的视线基本上是平视方向的。看电视的活动虽然常常发生在比较暗的环境中，但是房间里很少像电影院那样一片漆黑。电视屏幕对观众的注意力是非独占性的。在熟悉的家居环境里，观众的情感表达更加轻松，也更为自由。

从媒介对人影响的角度观察，电视明显比电影更平等。电视屏幕提供给观众坐在自己家里直观地、视觉化地了解他人生活的途径，电视新闻节目、电视剧就是其中的典型代表。此外，观众也可以通过电视屏幕获得别人的观点，这是电视评论节目、电视讨论节目的意义所在。与《娱乐至死》认为强势的电视媒体剥夺人们理性思考的机会、削弱人们的阅读能力的观点不同，[43]我们认为电视实际上也能在某种程度上加强这些能力，更不用说今天的屏幕上字幕的大量出现，让人们利用电视阅读的机会大大增加。

新技术的应用让电视屏幕变得更大、更清晰，今天的电视机适合显示比以往更多的文字。液晶和等离子显示技术也让原来的球面、柱面屏幕变成平板屏幕。这样一来，屏幕四周边缘区域的文字不再发生扭曲变形，在屏幕底部滚动的字幕新闻也不再会干扰屏幕中心区域的画面内容。不仅如此，全球化、互联网让影视作品在不同国家之间更快地流通，观众在电视屏幕上看到的非母语的电影和电视剧比以往更多，电视字幕超越高成本的配音而成为译制的主流，这必然导致电视观众在屏幕上进行大量的、快速的阅读。

7.3 电脑屏幕

更多的阅读发生在电脑屏幕上，这是在电脑刚出现时人们难以想象的。最初的电脑甚至没有屏幕，科学家通过一系列发光的电子管判断电脑运行的情况。即使是在个人电脑出现以后，很长一段时间里电脑的输出设备都是发光的二极管或者打印机。最初被应用于电脑的屏幕也被简单地当作输出装置，技术人员认为它是将电脑计算结果显示给用户的单纯的外部设备。但是在触摸屏广泛普及的今天，在很多人每天超过十个小时面对电脑屏幕的今天，几乎已经没有人再那么想了。

就像个人电脑（PC，Personal Computer）这个名称所暗示的那样，电脑屏幕与人的关系是“个人的”。不像电影屏幕和电视屏幕前经常坐着多个人，电脑屏幕与用户的关系是一对一的。屏幕总是处于用户手臂所及的触碰距离，就像社会生活中关系亲密的两个人的空间位置一样。在时间方面，用户使用电脑屏幕时更加自由，无论是用它阅读还是观看视频，它对时间的约束更弱，不像看一部电影或看一部电视剧那样需要遵守排映时间表的要求。人们通常在家中和办公地点与电脑屏幕打交道，这说明电脑屏幕对人有一定的空间约束。电脑屏幕总是被置于较亮的环境中，并位于和电视屏幕相似的平视高度。

电脑屏幕和电视屏幕最大的不同在于观众变成了用户。由于距离更近，即使电脑屏幕的物理尺寸比电视屏幕更小，但电脑屏幕覆盖的视域范围仍然明显大于电视。这保证了电脑屏幕对用户的注意力有更高的独占性。不仅如此，电脑屏幕是机器与人进行互动的主要途径。它是所有四种屏幕中交互性最强的媒介。电脑屏幕直接为用户在键盘一百多个按键上的操作提供反馈。在屏幕显示区域数以百万计的像素位置，用户在每一处的鼠标交互操作都被精确地定义。

7.4 手机屏幕

手机屏幕与用户的关系更为密切，它与人的关系是“私密的”。它像人的一部分,是具有形象意义的“人的延伸”。手机与用户相伴的时间更长,它基本上24小时都在用户的附近。由于手机独特的移动性,所以用户在任何时间、任何地方都可以将手机从贴身的口袋里取出来,然后观看屏幕上的信息。与其他三种屏幕相比,在与人的关系方面,手机屏幕的地位显得比较“卑微”,因为用户通常会用一种俯视的视线观看它。手机屏幕上呈现的内容主要是短信、手机报、MP3音乐、短片和小游戏等,对用户时间的占用较短,适合用户利用乘坐交通工具、等待的碎片时间。手机通常在较亮的环境中被使用,其屏幕占据的视域范围比电脑屏幕小,这也决定了它具有更强的非独占性。

用户直接触摸手机的屏幕或紧邻屏幕的按键来影响屏幕中的内容。这意味着在与手机屏幕交互的过程中,用户更加积极和主动,用户和电脑、手机屏幕的互动比和电影、电视要强得多。这与社会生活中的情况类似,同时这也导致了另一个现象,即互动性强的交互对象往往具有更高的优先级。当房间里的电脑和电视机都开着的时候,人们总是会选择坐在电脑屏幕的前面;在看电影时手机如果响起来,人们的注意力一定会立刻转向手机的屏幕。这也是为什么当人们置身于需要消极活动的社会场合时——例如上课、开会等——总是被要求关闭手机。

手机是一种具有高度移动性的个人化便携式平台,文学作品和影视视频作品以数据文件的形态在其中保存、呈现,并利用其通讯能力随时、随地得以自由传播。在与人的关系层面上,手机屏幕标志着媒介的空间特性发展到了一个新的阶段。正如《VIDEO:20世纪后期的新媒介艺术》一书中谈到的,“从人类原始的艺术记录——岩洞壁画,到实用器皿上的描绘,到礼器上的图案纹饰,再到轻薄便于携带的纸莎草、绢和纸,艺术的媒介经历了从只能固定放置到可以随意移动和展示的变化,在这个变化过程中,作画者和欣赏者的心态也由崇拜或装饰过渡到鉴赏与玩味。”[44]

从智能外化的角度分析,手机作为具象层面的“人的延伸”,已经超越了对普通人体器官的简单比附,它可以被看做人的另一个脑——外脑。手机屏幕是人的生物大脑与这个外脑之间相互沟通的主要界面,这一脑间接口的工作方式在目前阶段是粗糙的、低效率的。难怪智能手机的普及会带来街头随处可见的“低头族”,他们在旁观者的眼中显得木讷而内向,毕竟,他们是在努力维持两个脑之间的连接，而其外脑则在虚拟世界里为他们打开了外向沟通的一扇扇窗户。

7.5 其他界面

除了以上四种屏幕之外，近期一种新的屏幕正在进入人们的视野。2010年，当电子书从喧嚣走向平静的时候，以 iPad 为代表的平板电脑开始受到人们的热烈追捧。这种屏幕定位于个人电脑和手机之间，兼具视域广和移动性强的优点，并能以多点触摸屏为用户提供自然、流畅的交互。由于其成功地建立了一种平台加应用的传播模式，适合报社、杂志社和电视台将内容打包为定期更新的程序，免费发布或低价提供给非常广泛的用户，所以带动了传统印刷媒体向数字化平台转移的一股热潮。

毫无疑问，所有这些屏幕还会在人们的社会生活中变得更加活跃。而在这种现象背后，是各种媒体内容向视频融合的趋势。[45]电影和电视的传统创作、制作、传播、呈现和体验模式被重塑，新的模式毫无例外地将围绕视频展开。电影和电视本身就是以 24 格每秒或 25 帧、30 帧每秒的速度呈现内容，对于电影屏幕和电视屏幕来说，它们是原生的视频媒介。但是很多人都忽略了一个重要的事实，电脑屏幕和手机屏幕也是视频的载体，它们总是以 60 赫兹以上的速度不断地在我们眼前刷新。在今天的社会生活中，我们见证了文字阅读的媒介和音乐欣赏的媒介向屏幕这种视频装置上的转移。我们的阅读已经大量地基于屏幕，我们更多地通过观看 MV 音乐视频欣赏音乐，而不是单纯地听磁带、CD 和 MP3。甚至是雕塑、建筑等艺术作品，我们也可以通过屏幕欣赏新的立体影像，而且这些立体影像还可以是动态的视频。屏幕和视频的关系如此紧密，这注定了基于非视频的内容呈现方式的电子书必定是昙花一现，它必然要被以 iPad 等为代表的视频原生媒介淘汰。

从电影屏幕、电视屏幕到电脑屏幕、手机屏幕，连接虚拟世界和思维世界的界面越来越强调开放，鼓励人与人之间的分享与互动。电影屏幕要求人们在特定的时间里，坐在封闭的环境中向它“朝拜”，观众既没有机会在观看时相互交流，也无法与内容进行互动，只能被动地“做梦”；电视屏幕减少了对观众的空间约束,赋予了观众与屏幕平等的地位,观众可以在几十个到上百个频道中做出选择,但到观看特定节目时仍然有时间限制。[46] 通过电视屏幕进行点播、互动及与其他人沟通的愿景被描绘了很久,但由于其技术架构的封闭性,目前进展非常缓慢,而这在电脑屏幕上可以很轻松地实现。支撑电脑屏幕的技术体系早已允许用户点播视频,用户也能够自由交流对作品的评价,甚至可以创作自己的内容与他人分享。电脑游戏加强了人与屏幕的互动,而即时信息、社交网站则更是加强了人与人之间的互动;手机屏幕将空间和时间约束进一步打破,短信和微博的流行让人和人更紧密地联系在一起,时间和空间的限制被前所未有地减弱了。当然,这种进步不是支持手机通话的哪个专用通讯网络带来的,而是得益于数据通讯网络的开放平台,简单地说,就是因为屏幕连接了互联网。

注释和参考文献

[1]保罗·莱文森著,何道宽译:《数字麦克卢汉:信息化新千纪指南》,北京师范大学出版社,2014 年 7 月,p.52。莱文森是从媒介的角度认识这一问题的,他也敏锐地发现了统一的趋势:“但是,到了新千年的时候,互联网摆出了这样一副姿态:它要把过去一切的媒介‘解放’出来,当作自己的手段来使用,要把一切媒介变成内容,要把这一切变成自己的内容……互联网证明且暗示,这是一个宏大的包含一切媒介的媒介。这将是本书自始至终的主题之一。”

[2]盛国荣、葛莉著:《数字时代的技术认知——保罗·莱文森技术哲学思想解析》,选自《科学技术哲学研究》, 2012 年 8 月第 29 卷,第 4 期。莱文森是美国当代技术哲学领域的主流人物之一,与芒福德、麦克卢汉、尼尔·波斯曼、埃吕尔等人齐名。他师从麦克卢汉,被称为“数字时代的麦克卢汉”“后麦克卢汉第一人”。莱文森相信人类有驾驭技术的能力,主张人在技术发展中的创造能力和理性选择,对媒介演进和人类前途抱有积极乐观的态度,认为技术中理性的、受人指引的部分是宇宙的希望所在,而且技术也是宇宙演化的利刃,等等。莱文森是数字时代的技术乐观主义者,也是一个人类中心主义者。他提倡用技术把宇宙变成人类的殖民地,使星星尽量为人类提供服务等。他基于数字技术所作的技术哲学思考有其独到之处,尤其是在技术成为了主要哲学问题的当今数字时代。

[3]保罗·莱文森著,何道宽编译:《莱文森精粹》,中国人民大学出版社,2007 年 11 月,p.56,《技术是宇宙演化的利器》。“……普遍的观察说明:一方面,外部环境选择有机体;另一方面,外部环境又受到有机体的塑造和修订,甚至是把有机体的行为作为自己的构造成

分。被环境选择的有机体常常反过来选择环境……在最微观的层次上，病毒把蛋白质从此地带到彼地；在宏观的尺度上，水獭筑坝阻断小溪能够改变大河的流向。”

[4]“有了人类认知的远见、计算能力和灵活性之后，人类思想的技术体现就强有力地推动着人对环境的作用。认知能力和古老技术冲动的交融产生的第一波结果和随后层出不穷的、出色的结果，始终是按照人类的规格有意识地、不断升级地、重新安排物质世界的过程……这些技术有拼音字母表、望远镜、显微镜和电脑。”莱文森甚至谈到了近几年来的电脑应用与人工智能：“人们尝试用技术手段来模拟人类大脑，模拟这个思维体的活动。”《莱文森精粹》，p.56，《技术是宇宙演化的利器》。

[5]“人类发现自己陷入了不少复杂的困境，其中之一便是思想和物质的分歧。因为我们是世界的组成部分，所以就某种根本的意义而言，我们在思考周围的世界时就痛切地感觉到，这个思考过程与思考的对象（世界）是迥然不同的……二元论不必使我们紧守一个观点：物质和精神（matter and mind）的分歧是完全或绝对不能缩小的。相反，我认为，二元论承认，无论其起源如何，物质和精神的分歧具有持久的认识论意义。”《莱文森精粹》，p.91。

[6]“把技术描绘成大脑的具体表达，是心智（“技术-世界 II”）应用于物质自然界（“技术-世界 I”）而锻造的技术。作为“技术-世界 III”的唯一成分，技术享受独特的本体论地位，与其在宇宙中的独特角色相称的地位：除了人之外，再也没有什么东西在宇宙中这么独特，这么与众不同……技术的独特存在归因于生产技术的人的得天独厚的存在。”《莱文森精粹》，pp.106-107。

[7]关于纸张这种人工制品，“它既非纯粹的物质，亦非纯粹的思想，而是两者的结合，它是如何用树来传播的念头的物质化的实体……所以，纸张是思想化的物质或物质化的思想（Paper is ideated material or a materialized idea），它是包孕在物质里的我们的思想，又是根据我们思想的规格重组的物质。”《莱文森精粹》，p.92。

[8]可以想见，更偏重唯物论的莱文森会说波普尔更偏重观念。莱文森批评波普尔：“就连他的第二世界也是用非常明显的心智框架描绘的，他没有对大脑中物质和能量的交流给予足够的注意；大脑中物质和能量的交流，支持并且构成了大脑的活动。因此，我提议对他这个体系重新进行技术——物质表述。”《莱文森精粹》，p.106。

[9]卡尔.波普尔著，范景中、李正本译：《通过知识获得解放——波普尔关于哲学、历史与艺术的讲演和论文集》，中国美术学院出版社，2006 年 12 月，p.365，《论三个世界》（*Three Worlds*）。

[10]对世界Ⅱ作区分的时候，波普尔提出了“完全有意识的经历和梦想，或潜意识的经历”

等不同类别,也提出了“区分人类的意识和动物的意识”这样令人生疑的分类方法。动物是否有与人同等层面的意识活动呢?此处的论述反映出波普尔可能倾向于将世界Ⅱ界定为生物体较低水平的心理精神活动,不包括高层面的人类思维。《通过知识获得解放》,p.366,《论三个世界》。

[11]波普尔在此处列举了世界Ⅲ的对象,包括语言、传说、故事与宗教神话、科学猜想或理论以及数学建构、歌曲和交响曲、绘画和雕塑等。《通过知识获得解放》,p.366,《论三个世界》。

[12]波普尔继续举例说,“美国宪法,或者莎士比亚的《暴风雨》[*The Tempest*],或者他的《哈姆雷特》[*Hamlet*],或者贝多芬的《第五交响曲》[*Fifth Symphony*],或者牛顿的引力理论。用我的术语说,所有这些都是属于世界Ⅲ的客体;与作为世界Ⅰ中的客体的放置在特定地点的特定书籍相区别。可以说它是世界Ⅲ客体的世界Ⅰ的体现。”这里已经暗示了物质对象的空间独占性。但波普尔并未意识到世界Ⅲ客体作为抽象对象,具有非空间独占、非排他的属性。《通过知识获得解放》,p.365,《论三个世界》。

[13]《通过知识获得解放》,p.368,《论三个世界》。

[14]在对唯物论进行反驳的同时,波普尔批评了关于一切艺术本质上都是自我表现的理论。“我认为这种理论是完全错误的。我们在所做的每一件事情中,当然也包括在艺术中,都表现我们的内心状态,这是确实而又意义不大的。但是我们也在走路、咳嗽或擤鼻子的方式中表现我们的内心状况。因此,不能用自我表现来表示艺术的特性……在伟大的艺术中,艺术家认为重要的是他的作品,而不是他自己。这种健康的态度遭到艺术是自我表现这种理论的破坏。”《通过知识获得解放》,p.374,《论三个世界》。

[15]波普尔用了5节的篇幅讨论贝多芬的《第五交响曲》的不同具体表现作为世界Ⅲ客体的意义,他举例说,很显然存在《第五交响曲》的较好和较差的演奏、较好和较差的唱片、较好和较差的磁带,虽然针对具体表演的价值判断是主观的,但并不影响我们认定艺术作品的伟大是客观的。在这里,波普尔一直围绕着作为智能外化的抽象对象——成型艺术作品进行讨论,他没有把音乐创作者头脑中的乐曲当作举证的范例。他没有意识到,世界3的范围是不应该扩展到精神活动中去的。《通过知识获得解放》,p.367,《论三个世界》。

[16]路德维希·冯·米塞斯著,余晖译:《人的行动:关于经济学的论文》上册,上海世纪出版集团,2013年1月,p.26。米塞斯用这套上下两册的巨著讨论人的行动,他指出“人的行动引起的一些变动,与一些庞大的宇宙力量的作用后果相比的确微不足道。从永恒和无限的宇宙观点来看,人是一个无限小的颗粒。但对于人来说,他的行动及其行动的变动不居却是实实在在的。行动是他的本性和存在的要素,是他维系生命并将自己升

华到高于禽兽和植物水准的手段。不管人类所有努力如何瞬息万变，就人及人类科学而言，人的努力总是最为重要的。

[17]唐纳德·A.诺曼著，梅琼译：《设计心理学》，中信出版社，2010年3月。p.69。

[18][美]侯世达著：《哥德尔、艾舍尔、巴赫》，商务印书馆，1996年4月。p.34。

[19]詹姆斯·格雷克著，高博译：《信息简史》，人民邮电出版社，2013年12月，p.110。在第四章《将思想的力量注入齿轮机械》中，作者详细叙述了巴贝奇与艾达共同构思与尝试制造通用机械计算机——分析机的过程，"这台机器不仅仅执行计算，它还执行运算（操作，operations），按照艾达的说法，运算指'任何改变了两种或多种事物之间相互关系的过程'，因而'这是一个最普遍的定义，涵盖了宇宙间的一切主题'"。虽然这一预计将由无数齿轮、曲柄、转轮和嵌齿组成的复杂作品没有被最终建造出来，但是其设计经后人验证是合理与可行的。

[20]参见《信息简史》第7章《信息论》，p.205。图灵机是一种虚拟的通用处理机，图灵列出了他的机器必备的很少的几个组件：纸带、符号和状态。这些想象的组件都需要一一加以定义。在进一步的思考中，图灵将其机器简化到只剩下一张有限的状态表以及一个有限的输入集，而且，图灵最终（还是在头脑中）制造了一种机器，它可以模拟其他任何可能的图灵机——任何一部数字计算机。他把这部机器称为U，取自"通用的"（Univer-sial）一词，这一说法被沿用至今。

[21]参见维基百科上的"冯·诺伊曼结构"词条，ttp://zh.wikipedia.org/wiki/%E5%86%AF%C2%B7%E8%AF%BA%E4%BC%8A%E6%9B%BC%E7%BB%93%E6%9E%84。冯·诺伊曼结构（Von Neumann architecture），也称冯·诺伊曼模型（Von Neumann model）或普林斯顿结构（Princeton architecture），是一种将程序指令存储器和数据存储器合并在一起的电脑设计概念结构。这一结构隐含了将存储设备与中央处理器分开的概念，因此按照此结构设计出的计算机又称存储程序型电脑。

[22]参见维基百科上的"EDVAC"词条，ttp://zh.wikipedia.org/wiki/EDVAC。离散变量自动电子计算机（Electronic Discrete Variable Automatic Computer，EDVAC）是一台美国早期电子计算机。与它的前任ENIAC不同，EDVAC采用二进制，而且是一台冯·诺伊曼结构的计算机。

[23]凯文·凯利著，张行舟、余倩等译：《技术元素》，电子工业出版社，2012年6月，p.370。在"梅斯-加罗点——奇点临近"一节中，凯文·凯利介绍了由麻省理工学院媒体实验室的研究员帕蒂·梅斯（Pattie Maes）最早提出的"奇点"问题。奇点被认为是第一个超人类的人工智能（简称AI）出现的时刻，因为此后发生的一切任何人都无法想象。到

时,也许人工智能会立刻决定研发下载人类大脑的技术,也许人能够通过这种下载获得永生。

[24]戴维·多伊奇著,王艳红、张韵译:《无穷的开始:世界进步的本源》,人民邮电出版社,2014年11月,p.492。都相信机器智能会在21世纪的前20~40年里全面超越人的智能,多伊奇就对此持保留态度。“但我对人类头脑通用性的讨论排除了这种可能性。由于人类已经是通用解释者和通用建造者,他们已经能够突破他们狭隘的起源,也就不存在超级人类头脑之类的东西。将来只会有进一步的自动化,使现有类型的人类思考速度加快,工作记忆容量更大,把‘汗水’阶段委托给(非人工智能的)自动装置。”

[25]《莱文森精粹》,p.55,第5章《技术是宇宙演化的利器》。原文载于《哲学与技术研究》(*Research in Philosophy and Technology*),第8卷,1985年。

[26]柏拉图著,郭斌、张竹明译:《理想国》,商务印书馆,1986年7月,p.272。在第7卷的对话中,苏格拉底用虚构的困于洞穴中的人和走出洞穴的人,与没受过教育的人和受过教育的人作类比。

[27]参见《世界是数字的》一书的前言viii。在硬件、软件和通讯这三个核心技术领域之外,作者将“数据”专门提出来,作为另一个重要的主题。

[28]参见维基百科上的“Data (disambiguation)”词条,http://en.wikipedia.org/wiki/Data_(disambiguation)。作为一个被广泛使用的、含义模糊的重要概念,本书为消除歧义,列出了其在不同语境下的释义。

[29]参见维基百科上的“Data”词条,http://en.wikipedia.org/wiki/Data。

[30]参见《技术元素》,p.200。作者举出的Web2.0应用的例子包括Twitter、Flickr、Facebook、Digg、Dilicious以及雅虎知识堂,这些网站为来自不同国家的人提供足够多的空间来完成新事情,即人类就是节点,每个人都产生信号。

[31]克里斯·安德森著,乔江涛译:《长尾理论》,中信出版社,2006年12月,p.67。作者指出“生产者和消费者之间的传统界限已经模糊。消费者也是生产者;有些人能从零开始独立创作;还有些人能改造别人的作品——也就是把它们重新编排混合一番。”……“他们已经从被动的消费者转变为主动的生产者,开始在主流媒体发表评论和开办博客。还有一些消费者的贡献仅在于被互联网成倍放大的口头传播效应,这方面,他们扮演了过去电台主持人、杂志评论家和营销商们扮演的角色。”

[32]电影《朗读者》(*The Reader*)于2008年12月上映。演员凯特·温丝莱特凭借此影片获得第81届奥斯卡电影金像奖的最佳女主角奖。该影片改编自德国本哈德·施林克的同名原著小说*Der Vorleser*。2006年1月该书中文版由译林出版社出版。

[33]参见维基百科上的“元数据”词条，http://zh.wikipedia.org/wiki/%E5%85%83%E6%95%B0%E6%8D%AE。元数据（Metadata），即描述数据的数据（data about data），其内容主要包含关于数据属性（property）的信息。元数据被用于支持如指明存储位置、索引历史数据、资源查找、文件记录等功能。元数据可以被看作一种电子目录，为实现编制目录的目的，需要首先描述、记录与标识数据的内容特征，以提高数据检索的效率。都柏林核心集（Dublin Core Metadata Initiative，DCMI）是元数据的一种应用，该标准初成于1995年2月由国际图书馆电脑中心（OCLC）和美国国家超级计算应用中心（National Center for Supercomputing Applications，NCSA）联合赞助的研讨会。在该会议上，52位包括图书馆管理员、电脑专家在内的与会者共同制定了这种元数据标准，建立了一套描述网上电子文件的规范。

[34]克里斯·安德森著，蒋旭峰、冯斌、璩静译：《免费》，中信出版社，2012年10月，p.10。作者列举了三种具体的事物，这些产品与服务也是广大用户所熟悉的，它们恰好对应了本书中的数据化理论所阐述的信息科技领域中的三种主要活动。

[35]《世界是平的》一书谈到了碾平世界的十大动力，但其中列举的都是表面现象，作者对信息科技力量的认识还没有超出计算和通讯这并不完备的两个要素。作者称，“我们把这种使个人和小团体在全球范围内亲密无间合作的现象称为平坦的世界，而这正是我在书中所要详细论述的主题。提示一下：平坦的世界是个人电脑（允许每个人以电子的方式书写他自己的东西）、光缆（允许大家能够接触到世界上越来越多的电子内容）、工作流程软件（使得全世界所有人无论出于何地，无论距离多远都能共同编写同样的电子内容）的综合产物。”这里个人电脑对应计算，光缆对应通讯，工作流程软件是计算与通讯的混合。其间并未提到与之具有同等重要意义的“数据库”这一存储要素。

[36]斯塔夫里阿诺斯著，董书慧、王昶、徐正源译：《全球通史》，北京大学出版社，2005年1月，pp.761-762。由于信息革命的重要历史作用，该书的作者将其与第二次世界大战引发的多项技术突破一同罗列出来（这些技术突破还包括核能、取代劳动力的机器、航天科学、基因工程、新农业革命等），把它们统一归类为第二次工业革命。

[37]《数字化生存》，pp.21-22。作者在这里举这个例子，是为了说明比特和原子的价值有巨大的差别。如果更进一步思考这个案例，每个人都可以问自己这样一个问题，如果你的电脑、笔记本、智能手机等被毁或丢失，你只能拿回其中一个部件，你希望是哪一个部件？几乎所有人都会回答会拿回保存了自己资料的磁盘或半导体存储器。存储如此重要，难以想象之前在关于信息科技的几乎所有理论中，它一直被忽视、被排除在另两个重要元素——计算和通讯以外，而且它似乎从来没有在理论研究者的认识中取得与这

二者同等的地位。

[38]曼纽尔·卡斯特著,夏铸九、王志弘等译,《网络社会的崛起》,社会科学文献出版社,2003年12月。“当前技术革命的特性,并不是以知识与信息为核心,而是如何将这些知识与信息应用在知识生产与信息处理即沟通的设施上,这是创新与创新的运用之间的一种累积性反馈回路……因此,电脑、通信系统、基因的解码与程式化,都可以说是人类心智的扩大与延伸。”这一论述已经很接近本书的论点了,即信息科技是人的智能外化活动登峰造极的表现。pp.36-37。

[39]参见《计算机网络与因特网》,p.3。“因特网”是中文里对互联网的规范称呼,因特网诞生于20世纪60年代,其前身是美国国防部高级研究计划署(Advanced Research Projects Agency,简称ARPA)的数据联网项目。“ARPA当时决定采用一种相对较新的联网方式,而这种方式成为后来所有数据网络的基础(这种方式被称为包交换)。”这一目前已遍布全球的网络本质上是一个虚拟网络,它运行于五花八门、互不兼容的硬件物理网络之上,让其可以采用相同的协议互相通讯。

[40]汝眠:《电视和我们》,《文艺争鸣》,1991年第1期,pp.14-17。

[41]Edward T.Hall,*The Hidden Dimension*,ANCHOR BOOKS,DOUBLEDAY,1990,pp.114-125。

[42]李骥:《三网不是问题,三屏是个问题》,《创意传播》,2010年第6期,p.23。

[43]尼尔·波兹曼:《娱乐至死》,广西师范大学出版社,2004年5月,p.65。

[44]朱其:《VIDEO:20世纪后期的新媒介艺术》,中国人民大学出版社,2005年11月,p.2。

[45]蒋爱利:《从首届三屏合一新春晚看受众地位的提高和媒介强强联合趋势》,《当代教育理论与实践》,2010年6月第3期,pp.152-154。

[46]藤竹晓:《电视社会学》,安徽文艺出版社,1987年10月,p.119。

第三篇

数据友好

第 8 章　谁在背离数据友好

作为信息科技发展正在跨越的新台阶，数据化正在帮助我们摆脱数字化初始阶段的封闭、分割与孤立，真正将我们外化的智能融为一体。今天，不分行业、不分地域，任何企业都必然受到这新一波信息科技浪潮的冲击。置身于这样的环境中，仅仅在低层次的数字化上做做和模拟时代差不多的工作是不够的。就像阿里巴巴公司从 2014 年开始，在宣传推广时总把“数据科技”(Data Technology，简称 DT)挂在嘴边一样，[1]有远见的商业机构需要主动拥抱数据化——身处企业中的每个人都需要经常思考，自己的产品与服务是不是足够“数据友好”。

那么，何为数据友好呢？简单地说，数据友好是一种基于科技伦理提出的倡议，即主张企业在设计产品与服务的时候，采取透明开放的态度，避免狭隘封闭的策略。例如：软件企业开发软件时，应选择使用当前大家熟悉的、开放的数据文件格式，而不是重新定义一种加密的格式；硬件公司在制造机器时，应选择使用通用的接口标准，而不是自己重新设计一种独有的标准，等等。开放透明保证互联互通，有利于汇聚众人的智慧。数据友好的本质是用户友好，也是对企业中的工作者友好，同时又是对科技所关涉的每个人友好。

在竞争日趋白热化的互联网环境中，数据友好会清晰地反映在科技企业的市场策略上：一方面是企业寻求越来越低的定价，即有进取心的公司倾向于采取免费、甚至补贴消费者的推广手法；另一方面表现为基于通用、开放的数据平台构筑商业生态。前一种市场行为通常表现为提供高性价比的产品和服务，其实质是将更多数据力交付给每一个消费者，以及让更多作为个体的人获得数据力，对抗把数据力越来越集中于企业和其他机构的相反趋势；后一种则是舍专用、封闭的原始的数字系统而取通用、开放的数据通讯、数据计算与数据存储架构。

本书中用其他文献中从未出现过的“数据力”来表述这一问题，现实中常见的是用“更快的处理能力、更大的存储空间、更快的网络速度”等市场推广文案，来宣传新产品或新服务如何值得消费者尝试。如果这里的处理能力不是通用数据计算能力，而是专用处理器的运算性能，例如DVD机里的解码芯片，那么它只需够用就行了，更强的能力对它又有什么用呢？如果这里的存储空间不是用户可以自由利用的数据存储空间，而是专用的存储单元，例如一部电子书里能存储的不过是能从公司的电子书市场网站下载的特殊格式的文档，那么就算这样的存储能力再大，用户无法自由访问控制，对用户又有多少意义呢？如果这里的网络速度不是计算机网、互联网这样的数据通讯网络的传输速度，而是数字程控电话网络的速度、是数字电视网络的带宽，那么这些专用网络的网速再快，对用户又有何帮助呢？

上述的道理看上去非常简单，但在现实中很多企业却出于各种原因反向而行。非数据友好的技术路线、商业模式在短期内可能会蒙蔽消费者于一时，让企业尝到一点甜头，但从长期来看，对于企业来说那无疑是饮鸩止渴。如今的企业都置身于被信息科技不断重构的瞬息万变的角力场中，这里所谓的“长期”可能仅仅是三年甚至一年的时间。采取非数据友好策略的企业络绎不绝，或早或晚，它们都会在市场中得到教训，严重的时候，一个庞大的跨国企业集团在短时间内就会全面崩塌。

8.1 因反数据友好而消亡

从数据化的角度审视诺基亚公司衰亡的过程，期间发生的每一个事件都不令人感到奇怪。

诺基亚曾经是世界上最大的从事手机制造、销售的跨国企业，其总部位于芬兰的埃斯波。1865年当诺基亚刚刚成立时，公司主要从事伐木和造纸，后来逐渐开始生产胶鞋、轮胎、电缆和手机等。从模拟移动电话（俗称“大哥大”）开始，诺基亚在通讯设备制造领域渐渐发展壮大，并顺利地实现了数字化转向，生产和销售数字移动通讯专业领域的基础设备和面向消费者的终端设备——主要是数字手机。诺基亚从欧洲起家，逐渐扩充为移动通信设备和服务领域的跨国公司。从

1996 年起,诺基亚连续 14 年占据手机市场份额第一的位置。在 2000 年诺基亚发展的顶峰时期,公司市值接近 2500 亿美元,仅次于麦当劳和可口可乐。[2]

诺基亚赶上了数字化的浪潮,但它对数据化通讯与数字化通讯的关系如何、二者有什么本质区别似乎毫无概念。在 2000 年之后的几年里,手机从专用数字通讯设备转向通用数据处理设备的趋势已经非常明显,但诺基亚仍然行动迟缓,始终把手机当作主要打电话、发短信的专用通讯电器看待。作为移动通讯市场的领头羊,诺基亚似乎始终没有理解,仅仅数字化还远远不够。

诺基亚反数据友好的策略具体表现在其产品的很多方面。作为世纪之交开始使用手机的人,很多消费者都是多代诺基亚产品的用户。从手机连接电脑这样一个简单的功能看,当摩托罗拉手机普遍支持以数据通讯线缆连接电脑的时候,诺基亚还根本不允许其廉价型号的手机与电脑连接,仅仅是高端机型才支持数据线。而且其软件系统笨重臃肿,用户向电脑备份通讯录、短信、通话记录和媒体文件的体验非常糟糕。诺基亚后来也试图发展采用了塞班系统(Symbian,中文译名为塞班)的准智能手机,[3]但其版本杂乱,自己内部就不互相兼容,甚至其高端机型中也罕有支持 WiFi 无线数据通讯协议的。官僚主义肆虐的大公司试图控制手机系统生态的荒谬战略在诺基亚身上重演,该公司自诩的创新只不过是垒积木式的线性叠加。从诺基亚发布的一项一项的市场举措来看,其管理层根本没有显示出任何勇敢突破框架、自我颠覆的胆略。

事后分析,当年苹果公司进入手机市场的时候,诺基亚的衰败就已经成为了定局,因为苹果公司身上带着其天然的数据化基因。苹果公司原名苹果电脑公司,在个人计算机市场竞争中,苹果公司就曾因为封闭不兼容、无法维系良性生态的错误战略吃过大亏,甚至曾经陷入绝境。当苹果公司进入消费电子产品市场的时候,它在计算机行业中只能算半拉子的数据化水平,在通讯市场里却根本找不到能与之匹敌的竞争者。苹果公司从 IT 领域转战消费电子领域的第一个产品是设计精巧的 MP3 播放器,该播放器的最大特征是拥有远超同类产品的超强数据存储能力,该产品一经上市就仿佛在业界投下了一颗巨型炸弹。在推出 iPod Touch 这样的通用智能系统进行过渡之后,[4]苹果公司于 2007 年推出划时代的智能手机 iPhone。从其实质看,iPhone 只是在 iPod Touch 这种通用型移动智能终端的基础上,增加了移动通讯模块,二者一直共享同一种操作系统,很明显,这一系列产品背后有清晰的技术路线设计。

在 iPhone 推出的同一年,采用安卓系统的智能型手机也进入市场。谷歌公司主导的安卓手机基于开源操作系统 Linux 的开发,在数据化水平上,它甚至比苹果的智能手机更开放,成本也更低,只不过其进入市场比苹果的智能手机慢了半拍而已。在来自全数据化领域的两大新竞争者面前,诺基亚的改革步伐仍然非常迟缓,毫无悬念地,其全球手机销量第一的地位在 2011 年第二季度分别被苹果及三星超越。2011 年 2 月,诺基亚放弃经营多年的塞班手机操作系统,转而投入微软的 Windows Phone 系统。[5]可惜的是,手机上的 Windows Phone 系统的开放性远不如安卓,而且也形成不了如苹果手机般的良好生态,在其身上本来也不可能有什么希望。2013 年 9 月初,在反数据友好的错误方向上浪费了大量时间和金钱之后,诺基亚公司宣布以 54.4 亿欧元(72 亿美元)将手机业务出售给微软(今微软移动),只保留网络设备部门与专利等业务。曾经陪伴无数人走过新世纪第一个十年的诺基亚手机就这样淡出了人们的视线。

8.2 因逃避数据化而衰落

数据友好原则作为一面镜子,也能照出索尼公司衰落的原因,其根源和诺基亚公司崩塌在本质上没有什么差别。当然,由于索尼公司业务的多元化,它坚持的时间可能会长一些。

在人们的印象中,索尼公司曾经是全球领先的以电子产品制造为主的跨国企业。该公司于 1945 年 10 月由井深大在东京创办,著名企业家盛田昭夫是参与该公司经营的早期成员,他也曾长期担任索尼的领导人。索尼公司较早就开始针对并不被业界看好的晶体管技术投入研发,并在 1956 年成功地开发出日本第一部晶体管收音机。其后,由技术创新引领的索尼公司推出了引领时代风潮的大量优秀产品,包括单枪三束彩色显像管的电视机、便携磁带录音机 WALKMAN、控制台游戏机 PlayStation 等。成为大型跨国企业的索尼从消费电子产品和专业电子设备领域拓展到娱乐业,集团通过收购百代成立索尼音乐公司,又通过收购哥伦比亚电影公司发展成为索尼影视娱乐公司。2004 年 11 月,索尼还继续收购了米高梅电影公司,从而成为了世界上最大的电影制片企业。

如今,索尼的商业版图覆盖了消费电子、专业设备、音乐、电影,甚至还有地产和金融等。[6]

虽然索尼集团的经营领域成功地实现了多样化,但是作为一家以技术创新为核心的制造企业,索尼的技术思维逐渐落后于时代。在电视从模拟向数字化发展的转折点上,索尼等来自日本的企业已经因为技术发展方向选择的错误跌过一次大跟头。20世纪80年代,索尼等日本企业制造的电视机行销全世界,日本电视产业界试图为争取下一代电视机市场占据制高点,他们沿用陈旧的技术路线,投入大量人力、财力去发展模拟高清晰电视。索尼和其他日本电子企业主导的模拟电视系统 Hi-Vision 被证明是个成本高昂的错误,因为在90年代初,全世界都在翘首企盼数字时代的到来。毫无疑问,美国企业提出的数字电视体系是当时广播电视行业继续前进的方向。

索尼虽然在此后积极拥抱数字化,但是它仍然未能理解这一巨大转换的真实意义,更不用说它能明白在数字化的基础上数据友好的重要性了。当然,这也是偏重守成的日本大型电子制造企业中普遍的存在问题。笔者亲身见证了在专业电视设备领域,索尼的字幕机如何被中国新生科技企业的字幕机超越,索尼的这次失败,仅仅是因为中国电视字幕机的体系架构是基于一台带有视频叠加输出板卡的计算机。[7]很明显,这绝对是索尼无法认同的通用硬件平台加软件的结构,当时如此,现在恐怕仍然如此。其后,电视与电影后期制作环境开始围绕非线性编辑系统搭建,在这个新事物面前,索尼仍然因为旧思维的拖累,被众多竞争者轻松超越。索尼费劲生产制造的数字磁带录像机在专业机房里彻底沦为配角,成为向非线性编辑系统导入素材的偶尔开启的外部设备。[8]

在全球技术爱好者的冷眼旁观下,索尼进一步把受到民间广泛欢迎的、开放标准的 DV 标准封闭为其自家的 DVCAM 标准,这一视频格式对画面质量根本没有丝毫提升,但索尼公司却借机加价将其出售给各家电视台;[9]索尼在消费领域推出的记忆棒(Memory Stick)也没有丝毫创新,却比市场上早已普及的 CF 存储卡、SD 存储卡等贵了好几倍;[10]在 MP3 风行世界、基于半导体存储的 MP3 播放器广受大众欢迎的情况下,索尼公司竟然逆潮流而动,推出了基于微型光盘的 MD 播放器,这一产品毫无悬念地被市场冷落了;[11]在高容量激光视频领域,索尼主导的蓝光光盘系统打败了东芝主导的另一种光盘格式,从表面上看好像是索尼的阵营赢得了这次竞争，但在把它引入电视制作领域时，索尼又旧病复发，将其改为了与蓝光光盘不兼容的专业光盘格式[12]。如今，索尼仍然不断用这类恐龙级别的原始的数字化产品，无谓地消耗着自己品牌的价值。

在挟数据化之力颠覆创新的其他企业的激烈竞争面前，索尼等保守企业的衰落是不可避免的。索尼公司的经营者们可能认为只要数字化了就行了，他们还在生产电视机，这些电视机有最先进的液晶屏显示技术，而且也运用了大量数字化技术，但它已无法跟新兴电视机厂商的智能电视竞争；他们也在生产数字移动电话，虽然选择了安卓这种开放的手机操作系统，但其硬件和软件的设计思路仍停留在数字化初级阶段，在苹果等优秀智能手机面前，索尼的手机只是可有可无的配角；他们还在生产数码摄像机，但人们早已经开始用数码单反相机、智能手机拍摄数据格式的视频；他们还在制造电视机顶盒，但这类产品很快会被家用无线路由器和智能电视淘汰。索尼公司唯一在市场份额上领先的产品是家用游戏机 PlayStation 系列，可惜的是，这类单纯娱乐性质的专用产品的好日子也不多了，它们必然会被带有强大游戏功能的通用平台设备排挤到小众市场的角落里。

8.3 非数据友好没有前途

作为世界上最大的电子商务网站，亚马逊公司的成功主要来自于数据化——即对在线商品数据库的有效利用和优化数据分析协同过滤系统。如今，已发展为跨国集团的这家企业似乎也忘记了自己力量的来源，开始着力打造毫无前途的非数据友好的产品及服务。

亚马逊公司由杰夫·贝佐斯于 1995 年 7 月创建，公司的名称以世界上最大的河流之一——亚马逊河命名。亚马逊的总部位于美国西雅图，是一家跨国电子商务企业。该公司最早从网上书店起家，不久之后业务逐渐变得多元化，如今，亚马逊是全球最大的互联网线上零售商之一，在美国、加拿大、英国、法国、德国、意大利、西班牙、巴西、日本、中国、印度、墨西哥、澳大利亚和荷兰都开设了零售网站。

与沃尔玛这样的实体百货超市不同，亚马逊公司是基于在线数据库经营零售业务的。由于所有客户都是在基于互联网的虚拟世界、赛博空间里访问亚马逊商店,其网站上展示的商品根本不会受到实体货架有限空间的限制,因此亚马逊公司以供应商品种类多样齐全著称。亚马逊公司另一项为业界称道的成就是其协同过滤系统,该系统为每一个在网站上浏览的用户保留其关注的商品的清单,并提供类似产品的比价,并基于用户的购买记录等向其推荐商品。[13] 这一由亚马逊公司最早全面应用的系统是数据分析的优秀范例,如今已成为几乎所有其他购物网站的标准配置。此外,亚马逊还率先向业界提供云计算服务(Amazon Web Services,简称 AWS),开发人员利用亚马逊公司的后端技术平台的云基础架构,可以实现几乎所有类型的在线业务。[14]

令人感到疑惑的是,就是这样一个在数据化领域占尽先机并且成就卓著的企业却开始盲目地倒退,推出了专用的、原始的数字化产品及服务。2007 年 11 月,亚马逊发布了电子书阅读器 Kindle,使用该产品的消费者可通过网络从亚马逊网站购买和下载电子书。在应用层面上,Kindle 阅读器的确有一些吸引消费者的特点,例如其屏幕采用了电子墨水技术,耗电量较低,等等。

从社会层面观察,在公共场所拿着一台轻便的电子书阅读器看书,也确实让人显得既有文化又很时尚。可惜的是,与基于通用数据计算平台的平板电脑屏幕相比,Kindle 阅读器只适合静态字符显示的黑白、灰度的屏幕虽然在阳光下显示更清晰,但是其翻页过程迟缓并存在严重闪烁的现象,而且其根本无法像平板电脑那样呈现有丰富色彩的图像和播放视频,因为其屏幕从原理上根本就没有采用其他屏幕所用的快速刷新技术。面对这种严重缺陷,2011 年亚马逊公司又宣布进军平板电脑市场,可是其推出的 Kindle Fire 系列平板电脑号称基于深度定制的安卓系统,实际上是将开放、通用的系统封闭起来,软件体系的构建思路完全基于专用用途,严格限制了其用户和开发者的选择,它试图以自己一家公司之力控制这一产品的整体生态。[15]

很明显,亚马逊的电子书采取了营造自己的专用系统的技术路线,之后的产品虽然采用了开源的安卓系统,但是亚马逊还是把原来的通用系统封闭了起来,人为制造不互通、不兼容。尝试过 Kindle 的人会发现,其电子书的格式设计为亚马逊公司专用的类型,而非能与其他系统相互交换的、已经被世人广泛使用的开放文件格式标准,例如 PDF、TXT、HTML 或 DOC 等。在阅读传统非常深厚的美国，亚马逊的电子书阅读器因为价格低廉，并拥有连接最大的英文网上电子书店的天然优势，所以能够兴盛一段时间，甚至见证了 2011 年 5 月电子书销量首次超过纸质书的销量。但如果亚马逊公司继续采用这种倒行逆施的策略，那么其系列产品的兴盛期将会非常有限。

2014 年，亚马逊公司试图沿着同样错误的方向，推出封闭系统的手机，这次它已经没有了电子书阅读器那次的幸运。该手机虽然基于谷歌公司开放源代码的安卓系统设计，却再次采取了专有的技术路线。手机中去除了受到用户广泛欢迎的谷歌地图、谷歌搜索、Google Plus、谷歌应用商店等基础性应用，反而用亚马逊公司自己的手机地图、合作企业微软的必应搜索等应用取而代之。在仅仅为手机增加几项独特功能的基础上，亚马逊公司就将产品定位在市场高端高价销售，并试图打造自己独有的生态系统，可广大消费者对此并不买账。即使这款手机在推出两个月之后急剧降低售价，但该手机的市场份额仍接近于 0，这一失败在当年就给亚马逊公司带来了上亿美元的损失。[16]

8.4 迂回的路径

谷歌是信息科技领域最为人称道的一家优秀企业。1998 年 9 月 4 日，当时在斯坦福大学攻读理工博士的拉里·佩奇和谢尔盖·布林共同创建了 Google 这一私营公司，开始设计并管理一个互联网搜索引擎——Google 搜索。如今，谷歌已经发展为一家大型跨国科技企业，业务范围涵盖互联网搜索、云计算、广告技术等领域，为全球的企业与个人用户开发并提供了大量基于互联网的产品与服务，这些产品与服务绝大多数都是免费的，谷歌公司的主要利润来自于 AdWords、Adsense 等广告服务。[17]

除了其无可挑剔的商业伦理（公司非正式的座右铭是著名的口号“不作恶”，即 Don't be evil），谷歌也是践行数据化最彻底的一家跨国公司。一方面，Google 公司通过网站向用户提供丰富的在线服务，例如 YouTube 网络视频、Blogger 网络博客、Google Drive 云盘存储、Gmail 电子邮件、Google Plus 社交网络服务等；另一方面，谷歌公司也向用户提供个人电脑上的应用软件，例如 Google Chrome 网络浏览器、Picasa 图片管理与编辑软件、Google Talk 即时通讯工具等；

此外，谷歌公司还向市场提供了开放源代码的Android智能手机操作系统，以及大量广受欢迎的手机应用，包括谷歌地图、谷歌应用商店、谷歌翻译等。

谷歌公司的所有业务都是基于数据计算、数据通讯和数据存储的，可以说，谷歌公司是商业领域中应用数据化的典范。但是，这并不意味着谷歌公司在所有领域都坚持了数据友好的原则，谷歌公司在推广全新的操作系统Chrome OS的过程中，也曾经误入歧途。

Chrome OS是一种开放源代码的免费操作系统，基于谷歌Chrome浏览器及Linux内核设计而成。经过大约两年的测试之后，该操作系统于2011年上半年正式发布和上市。Chrome OS可以在X86或ARM两种微处理器上运行，最初该系统被设计为在上网本上使用，其后谷歌公司推出了精简版本的Chromecast。Chrome OS这一全新操作系统的推出，完全基于谷歌公司“网络即平台”的思想，公司强调其设计理念是像谷歌浏览器那样尽可能简化，并希望能利用这一操作系统，将用户界面从个人电脑、笔记本的桌面环境迁移到互联网上，用户的所有数据资料都只保存在网络云盘上，需要完成的所有工作任务，都是在远程的服务器端进行处理，然后把结果返回到用户界面上。按照这一思路，搭载Chrome OS操作系统的笔记本电脑从一开始就不为用户准备可用的存储单元，用户必须联网才能使用这种设备，离开了互联网，用户既不能使用笔记本上的任何软件，也不能访问电脑上的任何数据资料。[18]

这一系统在推出的时候，竟然被荒谬地当作代表了信息科技发展的方向。当然，基于这样的系统架构可以形成新的商业模式，企业很欢迎这种用户没有任何掌控力的未来，在这一设想中的未来世界，信息科技公司再也不需要费心地制造一台台硬件设备、费力开发一份份新版本的电脑软件了。用户只需要定期支付租金向企业购买信息服务，就能让企业获得稳定的收入来源。谷歌一厢情愿地宣称，只要能随时联网，用户手上硬件的处理能力是否强大根本不重要，因为处理工作基本上都由远程的企业服务器完成；谷歌充满热情地宣传说，所有的软件安装包对用户也没有意义，如果使用新的系统，用户就再也不需要不停地购买更新版本的软件，软件完全都能在线提供，企业对软件的更新也都是在线完成，用户无需浪费精力安装升级软件；谷歌也信誓旦旦地保证，用户的所有数据都安全地保存在网络云盘上，这样无论用户走到哪里换哪一台设备使用，都能随时访问到自己的数据。

憧憬在线数据服务美好未来的人经常拿电力服务作类比，在他们看来，将来当网络连接稳定、通讯带宽充裕廉价的时候，人们不需要使用自己的电脑做程序运算和存储数据，这些都可以交给云服务，就像现在的家庭都使用发电厂提供的电力能源那样。但他们没有注意到，家庭中的电力来源也在不断趋于多样化、本地化、颗粒化。从更广的视野看，家庭中能源的来源是多样化的，而不是来自单一企业、单一类型的渠道。我们的汽车使用来自加油站的汽油，我们的厨房使用来自燃气公司的天然气，有线电话的能源则是独立的，来自电信公司等。我们使用能源来自中央供电系统的台式电脑的次数越来越少，我们看电视的时间在不断减少，我们获取的电力供应越来越多采用独立、自足的封装形式，电动自行车的铅酸电池、锂电池，收音机、遥控器的碱性电池，笔记本电脑、平板电脑、智能手机的锂电池等。

具有讽刺意味的是，虽然这些云计算公司都热切地拿人们熟悉的中央供电系统营销推广中央化的计算服务，但是谷歌公司本身的能源应用策略也是对完全依赖集中供电保持一定距离。与其他企业的服务器主机都采用常规交流供电方式不同，谷歌公司重新设计的每一台服务器主机中全部都包含电池模块，系统外接交流电的能量都会经过电池的缓存供应给服务器硬件系统，这样可以保证在发生整体或局部供电故障的时候，服务器能使用电池自主工作几十分钟。更新的案例是特斯拉汽车公司的创始人马斯克在 2015 年初开始涉足的能源服务。基于电动汽车上游产业科技研发的先进成果，马斯克于当年 4 月 30 日向市场发布了一系列电池系统，家庭和企业可以在用电低谷、电价低廉的时间段里给这些大容量电池充电，然后在用电高峰、电价较贵的时间段里切换到电池供电，有条件的用户可以使用太阳能板实现电力的自给自足，甚至在电能富余的时候选择向电网供电。这些创新产品采取的是与依赖资源集中供应完全不同的思路。

翻看计算机发展的历史，我们不难发现类似 Chrome OS 操作系统这样的尝试一点也不新鲜，而且每一次尝试都以失败告终。在信息技术发展早期的大型机时代，IBM 公司曾经预测全世界只需要他们生产的 5 台电脑，就足够完成所有可能的处理任务。[19]那时人们的技术思维还停留在每个人使用只有屏幕和键盘的哑终端，所有终端连接到中央处理主机，每个人只需将任务提交给金字塔顶部的主机完成，处理结果返回终端的屏幕（更早的时候甚至连屏幕都没有，结果直接由打印机逐行打印在纸上）。像业界曾经昙花一现的 NetPC、[20]维纳斯计划[21]等系统一样，Chrome OS 操作系统仍然在重复类似的思维，即将计算力、存储力和通讯力集中在一个强大的中央核心。从表面上看，这样做比大量分散的主机处理起来更高效、更集约化，甚至能以更低廉的价格为用户提供服务。但是从本质上看，这是在设想每个人会自愿放弃信息自主的能力，放弃由个人完全掌控足够的数据计算力、数据通讯力和数据存储力，完全依赖少数大型互联网企业。虽然可能大多数普通消费者不见得能迅速意识到这个问题的关键，但是这种想法真的可行吗？

运行 Chrome OS 操作系统的上网本在市场上的早期表现，证明了主流消费者并不认同这种产品。经过几年的推广，这一系统相关的产品不温不火，并未在全球大范围普及。针对市场的反馈，谷歌公司也适时地调整了策略。在近期的一系列更新中，谷歌不断为系统增加本地存储、本地应用等功能，并让用户对自己上网本的硬件和软件有更多的控制。在走过很多失败了的前人踏平了的弯路之后，谷歌公司又回到了打造真正的“个人”电脑的方向上。

我们可以断言，如果 Chrome OS 操作系统最终获得了市场的认可，那一定不是因为消费者放弃了自主、自为，将所有信息能力拱手交给了谷歌，而是因为数据计算力、数据通讯力和数据存储力重新回到了用户的手中。

第9章 谁在拥抱数据友好

数据化主张企业自觉运用数据友好原则制定经营策略。与很多心存疑虑的人的消极想法相反，数据友好与企业的盈利目标并不相抵触。如凯文·凯利的《失控》一书中所阐述的，企业可以选择"失控"——即主动放弃一些原本认为理所当然的控制，将更多选择的权力交付给分散的用户，或者选择已经为市场中的消费者广泛接受的标准、格式，而非重新设计与之相抵触的、自己企业独占的技术方案，当然这并不意味着公司必然会被同质化的竞争者淹没。[22] 有进取心的企业总是能利用数据化的强大力量，在激烈竞争中脱颖而出并保持领先地位。在中国蓬勃发展的信息科技市场中，这样成功的例子比比皆是。

9.1 提供更强的数据力

数据友好的意义，在于让更强的数据力归于更多的个人，将更多人的智能纳入正在融合统一的虚拟世界中。从这一角度评判，与只向少数高端人群提供信息科技产品的企业相比，为那些原来用不上这些产品的人群提供数据化产品的企业更值得我们尊敬。

作为一家移动通信终端设备研制与软件开发的企业，小米公司的崛起是中国信息科技产业发展过程中的一个奇迹。北京小米科技有限责任公司是由雷军组建、于2010年4月6日正式成立的一家年轻的企业。2011年8月16日，小米公司首次在北京发布了小米手机，其产品以质量精益求精、价格却远低于行业水平而闻名。经过爆炸式的发展，2014年全年小米售出的手机达到了6112万部，销售额达743亿人民币，无论是产品销量还是销售额的增长速度都在100%以上。除了作为主力的智能手机之外，小米公司的其他核心业务还包括基于安卓开发的移动操作系统MIUI、手机即时通讯应用米聊、小米网、小米盒子、小米电视和小米路由器等。[23]

小米公司的快速成长,与其开放、兼容的用户数据友好战略有着密切的关系。该公司开发的智能手机是通用的安卓智能手机,所有为安卓手机平台开发的应用,基本上都能在小米手机上正常运行。所谓的小米手机操作系统 MIUI,只是架构在安卓操作系统上的启动器,这一由小米公司精心设计的系统外壳为用户提供较好的使用体验,其开发过程也通过发烧友社区向用户和潜在用户开放。小米公司的产品理念是"为发烧而生"。在小米网站的论坛里,小米的开发人员与用户沟通密切,新的测试版软件总是优先提供给关注小米手机的用户,用户的测试反馈也在产品迭代更新的过程中受到充分重视,并反映在新版本的设计上,这种良性的互动为业界众多企业所羡慕,但却始终难以被效仿。

小米的智能手机以高性价比著称,这与把数据力交给尽可能多的人的数据友好原则是一致的。从 2011 年的小米第一代手机开始,小米总是在市场上以最低的价格第一个推出高性能的产品。让同行瞠目结舌的是,其产品定价通常远远低于制造成本。随着时间的推移,人们意识到小米公司巧妙地利用了信息科技领域的一个重要规律——摩尔定律,即信息科技产品的性能会以大约 18 个月为周期成倍提升,相应地,产品的价格成本则以相似的速度急剧下降。从这个规律出发,小米每次推出的高性能新产品总是定价在成本之下,企业通过严格限定早期产量、销量等把前期财务损失控制在一定的范围内,当规模效应让生产成本逐渐降低到售价之下的时候,小米公司则开始敞开销售这些已经赢得市场关注和用户口碑的产品。不仅如此,由于小米的服务器能够通过每一台小米手机获得与每一位用户连接的接口,所以当这种智能终端的巨大市场销量使其形成规模效应之后,小米公司可以通过手机应用预装等商业策略,开辟向第三方收费的新盈利渠道。

以互联网这一数据通讯环境作为销售平台也是小米降低整体成本的一个保证。小米公司首创了用互联网模式开发手机操作系统的模式,由于新产品总是以低于成本的价格限量、限时销售,所以小米手机一直维持着用户争相抢购的饥渴营销热潮。脱离传统经销体系的独特直销模式,不但大幅降低了市场推广成本,也把小米手机打造成了杰出的互联网手机品牌。以此为契机,小米公司将其互联网开发、营销和销售体系扩展到其他信息科技产品上,顺次推出手机配件、移动电源、小米盒子、小米电视、小米路由器、智能插座、智能空气净化器等高性价比的新产品，迅速将小米网这一直销网站打造成了国内第三大电子商务平台。

需要指出的是，小米公司从2013年开始推出小米盒子、小米智能电视的时候，开始表现出背离数据友好的倾向。[24]这些产品中的操作系统号称其底层软件基于安卓深度定制，但实际上是将原来开放的系统封闭了起来，谷歌智能电视应用市场中的软件不一定能直接在小米电视上安装使用。很显然，越来越膨胀的小米开始构筑自己能排他地控制的系统平台，试图打造以小米为核心的生态体系。小米公司有意将其智能电视开发环境与全世界程序员支持的谷歌市场隔离，它这样做必然会减少用户的选择。拿数据友好这一判断标准衡量，其他几乎所有厂商的电视盒子、智能电视产品也与开放、兼容的理念背道而驰，似乎每个进入这一领域的企业都在摆弄自己的一亩三分地。当然，谷歌公司在打造智能电视系统基础平台过程中的迷失，也是造成这一困局的重要原因。

到2014年，试图寻找新的增长点的小米公司还计划推出Firefox OS操作系统的手机，这一新的手机操作系统由原网络浏览器设计公司Mozilla基于开源操作系统Linux开发，其应用可以完全基于网络Web平台编写。虽然Firefox OS也是一种开放的、通用计算的开发环境，小米公司也努力在产品中增加自身的色彩，试图开辟自己主导的信息科技生态，但是由于其基础架构是与Chorme OS类似的重度依赖通讯环境的网络操作系统，所以小米公司采用这种非数据友好平台还是面临着巨大的风险——因为用户的设备被限定为只有联网才能正常工作。[25]

9.2 开放与半开放

微博和微信是中国互联网市场上用户最多的两个社交网络应用。在这两个互联网产品诞生和发展过程中的每一个脚印里，我们都能看到数据化的巨大推动力。

微博是中国独有的一种社交网络平台，其基础架构来源于美国的互联网应用"推特"(Twitter)。微博类应用主要为用户提供一个快速发布简短信息的工具,按照推特设定的标准,发布的信息文本每条的字数不超过 140 字。推特于 2006 年 7 月首次推出之后,在全世界涌现了大量同类应用,其中国的模仿者“饭否”网站很快在 2007 年 5 月建立。之后中国的主流门户网站,如新浪、腾讯、网易和搜狐等也先后进入了这一领域,其中最成功的是 2009 年 8 月推出的新浪微博。到 2014 年,新浪微博的注册用户总数已经超过 5 亿,日活跃用户数达千万,每天用户发出的微博条数超过 1 亿。[26]

微博的开放性是其成功的要素之一。与“脸书”(Facebook)及其中国的模仿者“人人网”等社交应用的封闭性不同,微博上的内容即使是非注册用户也能自由阅读,而且只要注册以后,就可以看到任何人公开发布的任何一条信息,无论双方是否为好友;微博的内容允许搜索引擎索引,非注册用户可以通过在谷歌、百度上搜索关键词找到微博上的相关信息。与此相反,“脸书”等社交应用上某个人发布的内容,只有当你是注册用户,而且是那个用户的好友时才能看到;微博上的信息源主要是个人(之后发展出了企业账号、媒体账号等),用户可以参考新浪按主题的推荐自定义信息源,看到自己不喜欢的内容,可以随时删除对这个人的订阅,看到好友转发他人的有意思的内容时,可以立即添加对此人的关注;微博的信息架构是基于单向关注的,也就是说,如果我关注了一个账户,那么不需要对方允许,就能看到他公开发布的消息;有了这样一个平台,结合评论功能,微博让陌生人之间可以顺畅地交流信息,而匿名账户也保证了使用微博的人可以畅所欲言;从推特引入的“@ 转发”这一发明让信息流动速度加快,用户根本不需要拷贝和粘贴,只需简单的两次点击操作,就可以把自己喜欢的微博内容转发出去,让其出现在自己订户的时间线上,而且每条内容的前面自动保留了来源的 ID 账号及头像。

在多媒体方面的创新,让微博适应了中国的互联网市场。中国的微博里独创性地添加了发送图片、视频和音频等功能,这是原版的推特所没有的。这些创新丰富了微博时间流中的媒体形态,也促进了微博账号多样化的分工。现在,微博上活跃着坚持专注于发送视频、音频、图片等不同内容的账号。微博读者对图片的巨大需求还催生了九宫格图片的排版形式,GIF 动态图片也成为微博上持续受到人们欢迎的一个类目,影视视频中的精彩片段被大量转为不带声音的 GIF 动态图片,它们成为微博上一个新的内容来源。更值得称道的是,微博上还诞生了像长微博这样来源于用户的伟大创新。

长微博被称为“伟大的创新”完全当之无愧。早期长微博的出现是为了突破140字的限制。急于用更多文字一次性详细表达复杂观点的用户利用了微博发送图片的功能，将大段文本制作为白底黑字的图片，附在微博正文内容下发出。在微博上引发激烈争论的一系列重要话题中，长微博发挥了全面、完整传达信息的作用，也吸引了大量作者在上面推出自己的原创文章，用户的微博阅读体验意外地突破了140字的短平快信息碎片限制，有分量的严肃文章逐渐在其中占据了相当大的比重。巨大的需求催生了多个专门生成长微博图片的第三方网站，新浪公司也积极响应用户的需求，推出了企业官方版本的长微博工具。长微博这项发明把易于检索的文本锁定为很难进行语义分析的图像像素，表面上看这是反数据化的行为，实质上却体现了企业对数据友好更深层面的追求——从用户需要、用户体验出发设计和改进产品。[27]

微信的出现虽然晚于微博，但是其发展速度却快于微博。2011年1月21日，腾讯公司推出了由其广州研发中心设计的微信，该产品最初定位为手机上的一款即时通信软件，主要方便智能手机用户通过客户端程序交换文字信息和图片、语音以及视频等。微信一经推出就迅速占据了市场上的主导地位，其后发展出了朋友圈、微信群和游戏、理财、网购、打车等功能模块，成就了一个综合性的移动互联网应用平台。到2014年10月，微信已经在全球拥有了超过6亿的注册用户，其中包含约4亿4千万活跃用户。[28]

语音媒体的数据化是微信最初迅速普及的一个关键。由于年轻人出生后就置身于信息科技产品的环境中，所以他们擅长用九宫格按键或英文字母全键盘输入汉字，不熟悉电脑中文输入的中老年人则对在小屏幕上打字望而却步，微信里的语音短信功能为他们轻松排除了这一障碍，甚至不识字的人都可以迅速掌握发送语音信息的方法。腾讯广州研发中心在微信中应用的语音压缩技术，让用户交流时收发的语音仅耗费很小的数据量，即使使用带宽最低的2G移动数据网络，用户也能流畅地通过语音短信快捷地沟通。

微信的文字短消息以数据通讯为后盾，将基于原始的数字通讯的手机短信挤到了角落中。同样是发送文字短消息，与所有手机原本就有的短信功能不同，微信的任何通讯都是通过数据通讯网络实现的，而手机短信则是使用原始的、专有的数字通讯体系。手机短信通讯架构只支持文本的传输(后来基于WAP等准数据通讯方式笨拙地增加了彩信等功能),而微信使用的数据通讯网络则接受任何媒体类型,无论是文本、图片、音频还是视频,对它的限制只有移动数据网络的带宽。移动运营商对每一条手机短信收取费用,手机数据通讯服务则采用流量包月的计费方式。人们倾向于放弃手机短信而转向没有明显按发送条数收费的微信,这也是对手机话费较敏感的中老年人积极使用微信的一个重要原因。

从进入门槛看,微信是一个比之前的任何移动社交产品都开放的平台。无论是腾讯QQ还是新浪微博,要开始使用都需进行注册,设置账户和密码等操作虽然简单,但是仍然会让很多人望而却步。微信却只需要使用手机号码就能开通,已有QQ账号的用户向微信迁移也没有任何障碍。用户初次使用微信,甚至连密码都不用设定,开通微信账号,只需要一个确认短信。讽刺的是,在开通时需要借助手机短信这种原始的数字通讯方式认证的微信,恰恰是手机短信的掘墓人。

手机短信是一种同步通讯系统,即发信人和收信人基本上共享同样的时间节拍。微信目前仍只能算是异步通讯系统,从本质上说,它和电子邮件系统没有太大差别。事实上在日本和北美等地,主流用户仍在使用智能手机交换电子邮件通信。在用户使用手机的一般状态下(手机不是处于飞行模式状态),发出的短信是能够立刻被目标手机收到的,这是由基础的、专用的数字通讯系统所保证的。数据通讯系统是建构在数字通讯系统上的虚拟网络,用户需要首先开启手机的移动数据开关(有的手机上是蜂窝移动数据开关)或WiFi无线网络开关,并且要保证启动微信软件,让其在手机内存中运行,无论是在前台还是在后台,这样才能收到别人发来的微信消息。由于存在智能手机耗电、数据流量资费和多种应用后台推送骚扰等问题,目前大多数人只是偶尔连接无线数据网络查看微信消息,只有少数人建立了随时开启手机数据通讯开关的习惯。随着微信使用习惯的强化及其在用户中的进一步普及,微信成为智能手机中超越电话拨号和短信的主应用只是个时间问题。在很多国家,已经有年轻人不再使用电话手机号,只需要一个社交网络ID账号,他们可以转而仅使用数据网络平台上的应用与同龄人进行联系,对他们来说,智能手机里安装只支持数据通讯服务的 SIM 卡芯片就够了。纯粹的、原生的无线数据网络足够满足未来社会中年轻人的需要。

9.3 数据与分享

数据友好的企业会帮助用户更方便地相互分享数据。在互联网上，最常被分享的是音乐、影视、书籍等媒体数据。中国市场上最主要的音乐分享平台之一是百度音乐。

百度音乐是百度旗下的音乐搜索服务平台，是中国内地占有最高市场份额的百度搜索的一个子品牌。百度公司主要基于简体中文向用户提供网络搜索服务，该公司于 2000 年 1 月创建。根据 2014 年的统计，百度的搜索网站在中国内地排名第一，在全球互联网排名第五。百度公司的互联网产品众多，其中用户使用最多的包括百度网页搜索、百度地图、百度贴吧、百度知道、百度百科、百度文库、百度图片、百度视频和百度音乐等。[29]

百度音乐从其诞生那一天起，就成为了中国内地网络用户免费收听音乐的主要来源。在中文用户最主要使用的搜索引擎——百度搜索的主页上，音乐搜索是其界面中一直保留的媒体分类搜索选项，与图片搜索、视频搜索等选项并存。作为百度公司基于其搜索技术开发的专门的音乐搜索引擎，其最初的名称曾被定为 MP3 搜索、百度 ting！等，百度音乐这一品牌是在 2012 年确立的，该网站名称一直沿用至今。

MP3、WMA 等数据格式的音乐文件是用户到百度音乐上寻找的主要东西。虽然音乐出版界长期沿袭以数字音乐光盘等介质发行音乐作品的商业模式，但是绝大多数听众早已转向数据化的欣赏形式。百度音乐并非一个文件下载网站，它并不保存任何音乐文件，只是维护和更新“在网络上什么有什么音乐文件”这样一个索引数据库。通过百度音乐，人们用歌名、歌手、专辑名称甚至部分歌词等作为关键词，可以迅速找到自己想听的歌曲，使用百度音乐提供的链接将音乐下载、存储到自己的电脑或手机、MP3 播放器等上面，以备随时播放。

与欧美国家同类互联网服务相似，百度音乐一直受到所谓音乐版权问题的困扰。从 2005 年开始，一些主要的唱片公司、中国音乐著作权协会、原创音乐网站和音乐人不断起诉百度音乐(或其前身百度 MP3),称其未经授权使用自己拥有版权的音乐,百度在这些诉讼中基本上都是败诉的。2011 年 3 月 31 日,百度与中国音乐著作权协会达成协议,根据百度音乐平台播放、下载歌曲的次数,委托音乐著作权协会向词曲作者付费,而不论其是否是该协会成员。[30]

从用户的角度看,音乐的数据化把获得音乐的成本降低到了接近于零。因为利用百度音乐等服务,可以如此方便地找到自己喜欢的作品和下载播放,几乎已经没有人再去购买 CD 数字音乐光盘了,甚至连盗版光盘都基本上销声匿迹了。虽然音乐版权的鼓吹者一直在警告人们,由于互联网上盗版猖獗,音乐人收入难以为继,所以他们再也不会创作高质量的音乐作品了。但这种情况一直没有发生,未来也没有发生的任何迹象。实际上,越来越优秀的音乐作品不断涌现,CD 数字音乐光盘的销量虽然越来越萎缩,但是音乐人获得收益的渠道也越来越丰富,苹果音乐商店的推出将新的商业模式引入音乐领域,互联网为音乐产业创造了大量新的商业机会。

数据化的音乐传播平台给真正的优秀作品提供了快速到达听众耳边的最佳渠道,初入市场的音乐人甚至主动把自己的作品放到互联网上,期待能获得听众的肯定。过去几年中,最典型的案例是韩国歌手朴载相(艺名 PSY,昵称鸟叔)的音乐 MV 作品《江南 Style》的传播事件。《江南 Style》的英文名称为"Gangnam Style"(又译江南范儿、江南风格或江南风),该作品是韩国歌手朴载相的一首单曲,于 2012 年 7 月 15 日发布。到 2012 年 8 月,《江南 Style》的音乐 MV 通过 YouTube 等网站在互联网上实现了爆炸性的传播,并开始影响流行文化。几个月的时间里,全世界的主流媒体都在报道和播放这部音乐作品,全球的名人政要及草根网民模仿骑马舞的画面随处可见。在该事件中,《江南 Style》的音乐 MV 被放到著名的视频分享网站 YouTube 上被免费下载播放,朴载相却并未因此而认为自己的利益受损,他将歌曲的成功流行归功于 YouTube 和他的支持者。很显然,因为作品在互联网上如此受欢迎,朴载相必然能够通过演唱会和广告代言等周边活动获得巨大的衍生收益。[31]

数据化的力量能让音乐作品传播到什么程度呢?《江南 Style》的音乐 MV 为我们提供了一个重要的参考。到 2014 年 12 月初,这部视频作品在 YouTube 上的播放次数已经达到了网站原设置的最大数上限。12 月 4 日,YouTube 网站的 Google Plus 账号发表了一篇微博，文中称："我们从没想过一段视频的观看量会超过 32 比特的整数（=2,147,483,647 次观看量），直到我们遇到了鸟叔。《江南 Style》的观看量实在是太大了，迫使我们不得不升级系统。"也就是说，网站原来用二进制的 32 位整型数据类型表示一部视频的播放次数，但由于《江南 Style》的播放量会突破这一设定的上限（即 21 亿多），导致数据溢出，所以网站被迫升级为用 64 位整型数据类型表示其播放次数。

有没有人想过，为什么这部音乐视频短片的传播渠道既不是数字电视网络的大众式广播，也不是手机数字通信网络的多媒体彩信转发，而是数据通讯网络——互联网上的免费分享？

9.4 数据与安全

从电脑诞生的第一天起，信息系统的安全就成为了这个行业中最重要的问题之一。过去长期存在一种错误的观念，有人竟然会认为封闭的系统会比开放的系统安全。从表面上看，如果一家企业采取非数据友好的技术方案，执行与通用系统不兼容的标准，重新设计专有的数据格式和通讯协议，似乎能让自己的系统避免流行系统上常见的病毒和蠕虫、木马的侵袭，防止熟悉通用系统知识的黑客的入侵。但是，由于专有系统的知识体系不开放，无法利用众人的智慧帮助其改进和创新，所以其安全架构必然会越来越故步自封，在长期的发展中必然会落后于开放知识体系支持的那个巨大的、杂乱的却又生机勃勃的信息系统。

安全行业的公司如果放弃开放、透明，逆数据友好而行，必然会动摇企业安身立命之本。在大学学习了通用知识的员工进入企业后，如果需要重新学习企业自身独有的一套体系架构，这样不但徒然增加企业的培训成本，而且员工原来掌握的通用知识也会成为一种浪费——当人们已经普遍习惯使用 Ctrl+C 和 Ctrl+V 来复制粘贴的时候，企业开发的软件中，重新定义另外的"拷贝""粘贴"快捷键又有何意义呢？基于所谓的保密政策，支持专有系统运营的人员也无法与同行专家进行交流，他们必然缺少对层出不穷的新安全挑战的了解，缺乏面临花样百出的新安全威胁时有效的应对训练。所以，一旦这种封闭系统被渗透，其后果可想而知。

现实也验证了这一判断。原来试图坚持专有系统的索尼公司、苹果公司等在安全问题上纷纷碰壁,只得转而投身基于通用系统的数据友好的产品与服务市场。

在中国互联网市场中,奇虎360的安全产品是采取数据友好策略的典型。这组为个人、企业设计的安全软件由2005年9月成立的奇虎360科技有限公司提供。该公司的口号是"引领中国互联网开放潮流",其产品系列包括360安全卫士、360杀毒、360安全浏览器、360手机安全卫士、360手机助手等。奇虎360提倡免费安全服务,在其产品诞生和刚推向市场的时候,这一主张具有振聋发聩的意义,因为当时个人与企业消费者使用的安全软件都是收费的,而且在反复升级的过程中不断收取用户的费用。奇虎360的创始人周鸿祎认为互联网安全像搜索、电子邮箱、即时通讯一样,是互联网的基础服务,应该完全免费,所以该公司将360杀毒、360安全卫士、360手机安全卫士等系列安全产品免费提供给中国互联网用户。这一策略使360安全产品系列迅速进入了大量用户的桌面和手机,奇虎公司很快就获得了重要的信息安全市场的最大市场份额。[32]

作为中国市场上占有率最高的信息安全产品,奇虎360受到的困扰与百度产品不相上下。除了来自竞争对手的各种压力之外,这些安全产品还面临着所谓"窃取隐私数据"的指责。奇虎360承诺其安全产品终身免费,在提供互联网和手机安全产品及服务的基础上,该公司还开发了云安全体系,让用户随时可以连接到其安全服务器上,帮助用户快速识别并清除新型木马病毒以及钓鱼、挂马恶意网页,以保护用户的上网安全。在云安全服务的过程中,用户终端里的大量数据会上传到云端。显然,并非每个人都了解信息系统安全的原理,熟悉各种专业术语和不同安全模块的功能,企业发布的安全产品在设计时,都会考虑提供缺省设置,让最基础的用户不会因面临大量选择而迷惑和畏惧。基于默认上传相关数据的设置,免费安全软件可以顺理成章地收集用户数据,并将其上传到企业的服务器中。

完全免费的安全产品以极低的门槛将数据力交付到每个用户手上。然而,用户使用免费安全服务,并非真的不需要付出任何代价。除了使用少量的网络带宽以外,硬件资源的持续占用和物理损耗折旧也是代价,虽然这些消耗微乎其微且不那么明显。用户使用安全软件花费的时间是最主要的付出,在以前,人们在消费的时候付出的时间是看不见、摸不着的,如今我们能把它和系统中无时无刻不在生成的数据对应起来。在多线程的信息系统中，安全软件通常始终驻留内存运行，即使用户对着电脑发呆浪费时间，甚至大部分时间并不开启电脑，或只有很少时间使用设备，关于软硬件系统运行的任何数据都是有意义的，随时可以被记录收集，而且在联网状态下，它们是默认被全部上传到企业的服务器上。当然，具体会收集哪些用户数据，不同的免费安全软件提供商会有不同的策略。

企业收集用户数据这件事总是容易让广大无知的用户感到恐慌。为了安抚用户，所有的免费安全软件里都会有"是否参加用户体验改善计划"选择开关，以及其他散见于复杂的设置菜单中的、向服务器提交各种专门数据的选项。即使把所有这些选项都关闭，也不可能保证用户主机中运行的软件不会与厂商的服务器交换数据。在数据化的环境中，数据交换无所不在，安全软件和其他软件广泛收集用户数据，厂商通过分析数据改善产品，并确保企业在市场上的竞争力。从积极的角度看，用户获得更好的服务与企业争取更高的利润这两方面诉求是基本一致的。但由于多数企业对此不事张扬，而媒体又将此当作一个吸引人们眼球的阴谋论话题时不时地拿出来炒作，同一领域竞争激烈的企业也会雇佣公关公司伺机抹黑对手，害怕自己的数据被企业收集成为了信息化环境下不明真相的群众的一种时代心理病。

在用户数据利用方面，谷歌公司的做法是一个典范。谷歌公司以为用户提供优质的互联网产品和服务著称，而且其产品和服务几乎都是免费的。谷歌承认为此他们会收集用户的数据，其收集的行为是透明的，在谷歌服务器端存储的用户数据都有严格的加密措施保护，用户也可以访问与删除谷歌记录的自己的数据。例如，当用户使用谷歌搜索的时候，用户的检索关键词和 IP 地址（对应用户的大致地理位置）等信息会被谷歌的数据库记录下来，用户可以随时通过谷歌搜索历史查看自己使用过哪些搜索关键词，并可以选择删除其中自己不想保留的词条。当用户使用电脑或手机等设备登录谷歌账号时，这些设备的识别号和地理定位信息也会被保存下来，用户也能控制这些数据记录。如果你希望整体将这些数据保存到自己的设备中，而不是仅仅留在谷歌的服务器上，谷歌也会提供工具帮助用户导出和转移这些数据。[33]

第 10 章　因智能的外化而繁荣

数据化的过程,就是众多企业不断向市场提供更为数据友好的产品与服务的过程。而数据友好的本质,则是人们在将自己所擅长的知识、有优势的技能外化于产品、服务及社会的过程中,让其他人能以更低的成本利用这些外化的智能。利用这些智能产品与服务的人并不是带着一个空脑壳而来,他在使用过程中既有知识与技能的内化,也有用户的智慧向智能平台的注入——善用数据化的、数据友好的企业,必能有效发掘这些反馈数据中蕴含的巨大价值。

拜数据化所赐,人的复杂多样的外化智能已经开始无摩擦、无阻滞地在社会中累积和传递并在历史中传承,这一正向激励的过程正在不断加速。因为文明的进步、分工的细化和知识的积累导致事物越来越复杂,在这一过程中,人们需要将越来越多的智能外化于虚拟世界,以降低自身思维的负担。[34]智能的外化反映了人们管理复杂性的能力不断增强,而数据化则令这一趋势登峰造极。

人的智能的外化并不是从数据化才开始的,数据化只是将外化智能的形态融合汇聚,将人类所有的知识、技能都统一表达为海量存储的数据,表示为飞速运转的代码,表现为信息系统的互操作,呈现为智能驱动的、隆隆作响的所有机器外设。

10.1　文明史就是智能外化的历史

我们会用手指的伸直和弯曲表示某种具体事物的“有”或“无”,这一转瞬即逝的人的活动里,我们的智能外化于手指在两种互斥的状态的切换变化中。手指还是原来的手指,屈伸手指导致了少许的能量消耗,但其间承载了外化智能的虚拟的、抽象的对象,这个虚拟对象客观地产生、出现并随我们摊开手掌而消失。

虽然我们不可能获得任何证据，但是我们确信早期人类一定曾采用这种方式表达对“有”“无”的认识，因为我们如今在教育幼儿时，仍然会反复使用这种方法，将最基本的智能传递和融入其刚刚开始发展的思维中。从理论角度讨论，这是一种广义符号的具体运用。[35]

更早的关于“有”“无”的表达，必然会用到具体事物本身——例如，在地上摆放一个苹果就证明有一个苹果，摆放一只兔子就意味着有一只兔子——而不是用另一个事物“手指”来指代“苹果”。接着，原始智人在放置多个苹果的时候，会从散乱地堆放（其他动物基于本能，最多也就能这样储存食物）转向将其分散地平摊在地面上，然后发展为顺序排列放置。这种对空间结构的利用，应该归于人类最早期的智能外化的表现之一，而用手指指代事物，则意味着人的更高级智能的形成。

我们设想早期的人类智能外化的演变，从使用手指，转为在平面上顺序摆放树枝或石子、在墙壁上留下连续的刻痕。那时，我们的祖先不再使用自己身体的一部分（手指），而是使用一种外物（树枝）指代另一种外物（苹果）。和使用手指表达对“有”“无”的认识不同，树枝、石子和刻痕能保存更长的时间，这可能是最早地利用稳定的外部媒介来记录认识，是“记忆”这种智能外化的开始。

顺序排列事物这种对空间结构的运用，也隐含着对时间的认识和利用的这种智能的外化。一个原始智人在地上摆放好石子以后，第二天回来复习时，对石子从左到右、从上到下地逐个遍历，必然与其所花费的时间一一对应。当他从第一个和第二个开始触碰地上排列的石子时，按其旁边的人预测，之后他很可能会摸到第五个和第六个，即他们也在发展理解因果性的智能以及预测的智能。

在抽象地指代具体的事物方面（也就是“计数”），古代东方人使用算盘上的算珠而不是石子。算盘中安装了形状完全一样的算珠作为指代的单一符号，同时利用边框、横梁与串珠的杆形成空间结构约束，横梁上下的算珠分别代表5和1，因此使用这种算盘的运算过程中糅合了五进制与十进制。[36]

算盘将对量值的“记忆”这种智能推进到了相当的高度，但其中并未外化自动“计算”数值的智能。因为每一次数的加减，都需要人工操作改变算珠的状态，熟练的使用者都牢记着算盘口诀，计算过程中需要人去不断观察、确认算盘的状态，需要人脑内的思维持续运转，算盘的具体操作者的智能与算盘中外化的设计者的智能相互配合，才能高效地完成比较单一的加减法运算。

计算法则也是可以实现智能外化的。将运算规则外化的最早尝试可以追溯到公元前87年的安提基特拉机械，科学家相信这种机械被古希腊人用于计算行星的运动。[37]德国博学家威尔海姆·施卡德在1623年研制出了一种被称为“计算钟”的计算装置，该装置使用转动的齿轮操作，能实现六位以内数字的加减法，并通过发出铃声来给出答案。精心设计、相互咬合的齿轮不仅“记忆”了运算中的数值，也“记忆”了一些简单的算术法则，相当于在算盘上，如果一列中下格的5颗算珠都被拨到上面，则会自动将横梁上方1颗对应的算珠下拨，并同时把下面的5颗算珠复位。

算术规则被外化于“计算钟”的齿轮结构设计中，这意味着除了静态的“记忆”之外，一些专门的动态智能也实现了外化，因为“计算钟”在运算的时候，这些外化的动态智能依托于齿轮机构的转动，实现了脱离人的自动运作。“计算钟”之后，英国数学家威廉·奥瑞德研制成了“计算尺”，接着法国数学家布莱斯·帕斯卡于1642年对其做了改进，使之能实现八位数的计算。“计算尺”不再仅仅被当作“圈内人”在社交场合展示的玩具，而是被生产制造出来并大量出售，也就是说，众多用户可以简单地利用这些外化的计算能力，并在使用这种外化智能的产品的过程中获益。

不仅专门的运算智能可以外化，图案纺织、书写和绘画等活动中蕴含的人的专项智能，也可外化于独立运转的自动机械中。1801年，法国人约瑟夫·玛丽·雅卡尔对织布机的设计加以改进，使用一系列打孔的纸卡片来作为编织复杂图案的程序，这种被称作“雅卡尔织布机”的机器不仅能控制纺织图案，而且其图案可以通过改变穿孔卡片来更换。类似的产品还有瑞士钟表匠皮埃尔·雅奎特—德罗茨设计的“自动书写机”，外形为小男孩造型的这一机器在18世纪70年代被制造出来，其所书写的内容也可以通过更换滚轮上的字母来改变。

“雅卡尔织布机”、“自动书写机”和后来的计算器，以及一些早期发明的计算装置属于同类，它们所承载的都是某一种或某一部分的专项智能的外化。毕竟，“雅卡尔织布机”不能转而进行数学运算，而“计算钟”和“计算尺”也无法控制画笔，自动绘制精美的图案，就像蚂蚁建造不了房檐上燕子的泥窝，蜜蜂也建造不了溪流中水獭的水坝。

现代通用计算机是人的智能外化的顶峰。就历史最悠久的、最普遍的静态“记忆”智能的外化来说，不论是用甲骨、石碑、竹简、布帛、羊皮卷、纸张书籍等记录文字的形式，还是用画布、胶片、录音录像磁带等保存声像的方式，都被现代计算机强大的“存储”给融合与统一了。这不是把记录介质更换为具体的半导体存储器、硬磁盘和激光光盘那么简单，而是人的记忆外化被统一于抽象的“数据”，这是一种虚拟的、客观的、通用的，存在于鼠标键盘、显示屏幕和半导体存储器之间的抽象对象；就动态的智能来看，计算机软件可以外化通用的动态智能，不仅是简单的十进制数学运算能力，也不仅是控制书写文字与绘制图案的能力，集合数据计算力、数据通讯力和数据存储力于一身的程序可以实现多种多样的思维功能，无论是人们已经想到的还是尚未想到的，只需要程序员编写出相应的代码并输入计算机系统，计算机都可以自动运作并表现出这些人所外化的智能。

10.2 更强大、更便宜的外化智能

在向世人提供更强大、更便宜的外化智能这件事上，信息科技领域的众多企业开风气之先，这解释了为什么自 20 世纪 70 年代至今，从个人电脑、互联网到智能手机，以数据化为基础的、面向数据友好的科技企业始终赶在经济变革的潮头。

凯文 · 凯利在 2014 年的斯坦福会议上强调，“人工智能是可购买的智慧”：[38]

苹果的 SIRI 就是人工智能，你可以跟它对话。但我们看到的大多数人工智能没那么酷，都在后台运行。它可以处理 X 光片，处理法律证据、飞行问题等。现在图形处理芯片的进步提升了机器学习能力，有一些机器可以看懂你的照片，告诉你这些照片是关于什么的，还可以跟你进行人机交互对话，但目前还处在实验室阶段。

人工智能是你可以花钱购买的一种服务。通过人工智能去创业的公司，需

要将人工智能运用到某一个特定领域去增加智慧。比如无人驾驶汽车,其实就是把人工智能的智慧放到车里。它的出现将影响交通状态、影响快递这样的行业和司机行业的人。而真正的革命是:这些汽车今后将变成你的新办公室,今后你用汽车接收的数据将比你坐在写字楼里接收的数据多得多。

价值的中心向产品、服务中抽象层次的智能部分倾斜,这是信息化、数据化时代新经济的特征。我们一直在说,如今的经济是知识经济、智慧经济,理解这些概念背后智能外化的实质,才能回答类似众多智能手机企业反复提出的问题——这些企业普遍面临智能手机产品的同质化竞争,只能在市场夹缝中获取微薄的利润。这些企业满足于把商业当作提供商品和服务活动本身,却没有想到如何为自己的产品注入更优异的智能,如何让外化于产品的智能相互之间共振激荡,如何让产品中的智能与用户的智能完美交融,为用户实现真正的价值。

作为智慧经济的代表,近些年来人们一直对苹果公司交口称赞,这家企业的发展历程正是数据友好这一商业原则的最好注解。苹果公司从2011年8月开始就占据了上市企业全球市值第一的位置,这家高科技企业既不像排名其后的国际能源巨头埃克森美孚那样在全球拥有众多矿产资源和油气平台,也不像著名的跨国连锁超市沃尔玛那样开设了星罗棋布的大型店面。虽然苹果公司号称是为用户提供电脑硬件产品、消费电子产品和软件系统服务的企业,但是其并不直接拥有任何制造工厂,只是在近些年才在全球开设了几百个直营零售店。很显然,苹果公司的核心竞争力来自其在产品中倾注的知识与智慧,这些外化的智能既体现在iPhone手机等产品的硬件、软件设计上,也反映在其商业模式、服务流程、市场策略、媒体形象甚至组织架构中。

今天的苹果公司不仅为人们提供优质的智能产品,也提供汇聚各领域专业人士智慧的平台。网上苹果应用商店App Store里有众多程序员开发的独特应用,苹果媒体商店iTunes Store里有大量艺术家创作的优秀作品——苹果公司建立了一个数据友好的生态环境,不同专业技能的人可以在这里各展所长,充分发挥自己的才能,向苹果手机、平板电脑、笔记本电脑、台式电脑与软件产品的用户提供其所设计的软件产品或创作的艺术作品,实现消费者和第三方提供商之间的共赢。

在与苹果公司的智能手机基本重叠的商业领域,谷歌公司推出的安卓手机在对数据友好的践行方面还更胜一筹。不像苹果公司,谷歌公司自己不提供手机硬件产品,而是将手机操作系统软件、相关服务和主要应用免费提供给其他企业,让三星、小米与华为这样的厂商在其基础上开发自己设计的产品。也就是说,每一台安卓手机都是谷歌公司与手机制造企业智能外化的聚合体,这也是为什么安卓手机系统虽然推出的时间比 iPhone 手机晚了几个月,但是它却能在短短几年的时间里后来者居上,一举超越苹果手机系统平台,成为全球最主流的智能手机应用环境。

安卓手机系统的一个重要特征是开放源代码,因为它是基于自由软件运动的核心作品 Linux 操作系统开发的。[39] 自由软件运动的宗旨是每个人都可以自由使用软件,可以获得程序的源代码,并可自由修改程序和以相同方式发布,其中没有保密、加扰和封闭,没有对智能外化和流动的阻碍。这意味着不仅是普通消费者可以只花很小的代价就能利用其中的智慧成果,专业的用户还能通过研究其源代码,掌握更多的知识,并有机会通过修改源代码与开源发布,为这座智慧大厦添砖加瓦,向其中注入自己的才智。

数据友好的开放生态中,不仅专业程序员在编写代码的过程中倾注了智慧,而且每个用户也在使用产品与服务的过程中交付了自己的智能。用户操作智能手机、平板电脑等联网的产品时,不仅是在通过简单的操作利用设计者融于其中的智能,也会因其每一项活动而自动生成数据,这些数据除了会反馈回具体应用的发布者以外,还有可能提供给操作系统开发企业与发布硬件的公司等,即向这一生态链条中的每一个智慧主体传递关于用户使用的详细资料。夸张一些说,用户在日常使用智能产品的过程中也贡献了自己的智能——他充当了企业的义务市场调查员。这意味着不仅仅是程序员的智能外化有价值,每个用户在交互体验中有意识或无意识的智能外化也有重要意义。而且,程序员所开发的所有手机应用,无论是封闭软件还是开源软件都体现了智能,当然,开源软件在另一个层面上实现了更明确、更丰富的知识的共享与传播。[40]

10.3 云计算:外化智能的聚合

数据友好的生态环境催生了大量信息科技领域的创新,其中一项重要的创新就是云服务。

该行业原有的商业模式以商品销售为主。即使到今天,如苹果公司、英特尔公司和微软公司这样的大型跨国科技企业,都还是把产品销售收入当作营收的主流。在早期的个人电脑市场上,从IBM到惠普公司、戴尔公司和联想公司都是从销售计算机硬件设备起步的。微软、阿多比等计算机软件企业的商业模式沿用了硬件的发布、销售与维护形态,软件发布商或者将软件刻录在数据光盘这样的物理介质上,包装在精美的盒子里放在商店货架里供消费者购买,或者在计算机硬盘上预先安装好,将其随计算机硬件一起捆绑出售。

信息科技领域一直存在大量的商业服务,但其服务主要局限于硬件和软件的维护。硬件方面主要是修理或更换损坏的部件,极端情况是像苹果公司那样更换整个产品,软件方面则是通过网络进行升级和打补丁。无论我们使用的是花钱购买的商业软件,还是免费下载安装的自由软件,用户在使用中会发现软件的问题并将其反馈给企业,软件的开发团队则会不断测试和持续修正这些错误,并以小版本升级的方式提供下载,让用户自己决定是否进行更新。软件在升级更新的时候往往也会引入一些新的功能或进行性能上的提升。硬件方面的改进也常常会以ROM更新的方式提供给用户,例如数码照相机和网络路由器设备可以通过下载和安装新版本的ROM来升级。

这种商品销售加维护服务的模式参考了其他行业的成功经验,但在信息科技领域长期运作之后,其负面效应也逐渐显现。由于信息科技产品是智能密集的,商业软件往往会销售多个版本,例如Windows操作系统的大量用户就分别在使用从Windows 2000、Window Vista、Windows XP、Windows 7到Windows 8和Windows10等不同版本的软件,不用说更早的Windows NT、Windows 98和服务器版的操作系统了。同时维护不同发行版本的软件成为了企业沉重的负担,所以我们隔一段时间,就会在媒体上读到微软公司发布的声明,告诉用户到某个时间为止它将不再为某些旧版本的Windows操作系统提供服务支持。除了旧版本的软件升级和产品更新之外,硬件和软件企业还需要为发现的问题和潜在的漏洞不断打补丁,所以使用Windows操作系统的用户经常会遇到一打开电脑,就收到系统提示需要打几十个补丁的情况。除了操作系统之外,我们在电脑中安装的每一个应用软件可能都要不断升级和修正错误,因此我们经常要重复这种下载和安装补丁的工作，而如果不重视这种更新的话，我们的电脑就有可能暴露在较新出现的病毒、木马、恶意网站和网络黑客程序的攻击之下。

云计算能够在很大程度上解决这些问题。在数据化时代，各类电子产品即使是基于不同的硬件与软件系统设计与开发的，它们也必然要采纳开放与透明的数据格式标准，这样才能获得广大早已熟悉了这些数据格式和应用逻辑的消费者的迅速认同。同时，互联网这种廉价的通用数据传输网络已经延伸到了世界的每一个角落，有远见的公司自然会迅速向云计算方向展开部署——企业不仅通过网络销售硬件和提供软件下载，还应该转向将软件的功能直接放在网络上提供给用户，让用户通过浏览器在线使用。每个人都很熟悉的网页邮件就是典型的云计算服务。让谷歌 Gmail 网页邮件这样的常见应用工作的软件程序，分别运行在远程的服务器和我们本地的电脑上，这是一种典型的服务器和浏览器协同工作的云计算服务。我们收发的邮件等数据都保存在谷歌数据中心的服务端，用户必须联网才能查看邮件和使用云计算的功能——包括接收新邮件、删除旧邮件、用关键词查找某个邮件或将邮件进行分类整理等。云计算还提供邮件过滤的功能，自动帮助我们屏蔽垃圾邮件的骚扰。与在我们自己的电脑上安装使用一个独立的本地邮件客户端软件不同，像网页邮件服务这样的云计算应用根本不需要下载安装包和更新。云计算应用的开发团队会针对问题不断地在线更新。我们在今天用浏览器登录上的网页邮件应用，与昨天相比有可能又增添了不少新的功能，而且在同一时间所有用户使用的都是同样的版本。事实上对于云计算应用来说，版本已经没有太大的意义了。

云计算基于数据计算、数据存储和数据通讯实现服务整合与商业模式创新，它成功地将原本一件一件单独销售或下载的软件变成了持续的服务。历史上曾经有过类似的变革，那就是供水、供电系统的发明。现在的研究者普遍认同爱迪生不是电力服务的发明者，因为其构想是在每家工厂中安装独立的发电机。真正创造供电体系的人是爱迪生公司的萨缪尔·英萨尔（Samuel Insull），因为正是他提出了创建一个集中发电的电力工厂来为一片地区供电。在尼古拉斯·特斯拉（Nicola Tesla）发明了交流电远程传输的方法之后，事实证明，这一集中供电构想的实施发挥了共享资源的优势，大幅度降低了用电的成本。[41]

如今正在推广的云计算是另一重意义上的电力服务。乐观的从业者相信，未来的企业将不需要为公司里的大量电脑安装和部署本地软件，也不必花费巨大的人力和物力成本构建与维护自己的服务器，它们可以将数据处理和数据存储工作委托给亚马逊和谷歌等公司。如今，谷歌提供的云服务不但支持个人用户也覆盖了企业，用谷歌邮箱账户登录之后，每个人不仅能收发邮件，而且还可以在线使用文字处理和电子表格应用 Google Doc，可以使用 Google Talk 和 Google Voice 相互通讯，可以用 Google Plus 进行社交，可以用 Google Calendar 管理工作和生活日程，可以用 Google Drive 这样的云存储服务保存数据文件。这一切工作都依托谷歌在世界各地的几大数据中心里的服务器完成，而用户可以通过有线网络和无线网络随时随地开展自己的工作。

云计算也是虚拟世界统一于数据化的一个具体表现，它向我们预示了人的智能外化的前景，这是在互联网这种全球统一的虚拟网络形成后，信息科技为我们展示的一种激动人心的前景。[42]我们可以设想目前由亚马逊、谷歌、微软和阿里巴巴等独立企业运作的云计算系统在将来能相互兼容，在更底层的逻辑平台实现互联、互通与互操作，通用的数据在它们之间顺畅地流动，外化于这一行星尺度的、统一的数据中心的人的智能得以充分发挥效能，与每一个用户通过终端接入的智能协同，使所有个人的外脑结成一个整体，这甚至可以被确立为一个重大的进化事件。

在保持乐观的同时，我们还需要对云计算采取谨慎的态度，甚至需要从个人立场对其保持一定的警惕，因为当前发展阶段的云计算还存在一定的缺陷，2013 年著名的谷歌新闻阅读服务 Google Reader 的关闭就集中反映了它的问题。在云计算、云存储推行之前的个人电脑独立软件时代，发布软件的企业可能因为各种原因放弃某一个项目，某种软件的后续开发可能终止，不再更新升级，但那种软件并没有因此真正消失，我们原来下载和安装的旧版程序仍然存在于系统中。例如，如果你非常喜欢老版本的软件，你仍然可以在系统中使用这些软件而不用将它们更新升级。然而，当 Google Reader 这类云计算应用被关闭时，所有一切都会消失。尽管我们可以导出自己的订阅列表，将数据转移到其他类似的本地软件或云计算应用中，但到了 2013 年 7 月 1 日 Google Reader 服务结束的最后期限，每个人都再也无法使用它了。[43]

这一云计算发展初期的重大事件给我们敲响了警钟。无论是免费还是收费的云计算服务，如果我们过度依赖某一种在线的应用，那么当企业关闭那种服务的时候，作为用户的我们将会承担巨大的风险。在电力服务如此普及和稳定的时代，我们还会在家里备上蜡烛和干电池，我们有可以在停电时手摇发电的手电筒，有些人会准备逆变电变压器供汽车发电使用。在数据化的时代，我们是否应该完全将计算力、存储力和通讯力交付给企业？如果提供云计算的企业不像谷歌公司那样给用户留下一段迁移转换的时间我们要怎么办？如果云计算公司不允许我们导出数据或者要向我们收取数据导出的巨额费用我们该怎么办？如果企业的数据中心因为意外突然无法继续为我们提供服务，又会发生什么呢？这将是未来每个人都可能会面临的重要选择。

第11章　数据友好:怎么做?

一家企业是否认同和践行数据友好,这反映在其商业模式、技术路线、研发策略和市场推广等多个方面。从智能外化的理念出发,以数据为中心的理论认为,指导行动的基本原则应该是标准化、非线性、通用性和开放性等,从信息行业的科技伦理角度判断,我们应该积极支持更深层次的互联互通,更透明地交流数据,在更大范围内分享我们的数据计算力、数据通讯力和数据存储力。

11.1　标准化

在具体的应用中,企业怎样将比特的集合定义为特定类型的数据呢?多少比特是一个字节?多少比特是一个字?如何定义一种数据包格式,以保证不同种类的网络之间可以互相通讯、联系,形成全世界范围的信息网络?怎样规定记录图像信息的数据文件格式,方便大家分享和使用?这是在设计任何数据标准时,都需要回答的问题。

数据化要求数据的定义符合已经为业界广泛接受的规范。例如,3个比特不能构成一个文本文件。按照通行的文本文件格式标准,无论采用哪种字符编码方式,用8个比特定义的字节是文本文件记录的最小单位,文本数据存储的单位是字节,因此最小的文本文件是一个字节的文件。

除了在专业领域内部,标准是否被社会普遍接受也是判断数据友好的重要指标。从理论上说,掌握了一定程度信息科技知识的任何人都可以定义新的标准。但是,这样的标准是否能被一般消费者认可,除了用户的实际需求与技术先进程度以外,还与其兼容性、开放性息息相关。

信息科技企业联盟和企业自发地组织推动建立公共标准,这是它们在数据化条件下基于科技伦理的一个自律的选择。就像算盘的四周有一个方形边框、中间有一道横梁限制每个计数单元的活动范围，而不是把算珠随意散乱摆放在平坦的地面上进行运算。数据的类型可以被设计者自由定义，任何个人、企业都可以任意制定与数据格式相关的规范。但如果某位程序员在开发手机摄影应用的时候，非要重新定义一种自己独创的图像记录格式，而不使用标准的JPG图像格式，数据流通所能带来的衍生价值就无法充分得到体现——因为其他人无法用现有的任何软件打开这个图像，网络浏览器也不会默认支持和呈现用其拍摄的任何一张照片。

在标准的建立过程中，市场中的活动主体——企业应该起主导作用，而现实中也正是这样的。一家企业或多家私营企业组织在一起结成的专业协会、学术论坛通常是标准制定的中坚力量。企业投入大量的人力和资金设计新的产业标准，当标准在竞争中为市场广泛接受之后，企业或者利用先发优势获取市场上的回报，或者通过向其他企业提供专业知识服务得到收益。国家政府主导标准的制定和推行往往不如企业及其行业组织有效，工信部推广的WAPI标准和TD-SCDMA标准就是两个典型的失败案例。为了降低恶性竞争导致的浪费，以广大用户的利益为诉求点，政府有时会顺应市场规律提出一些推荐标准。例如，在中国手机行业的发展过程中，手机充电器的接口规格种类繁多，当用户的消费水平进入频繁更换手机的阶段时，互不兼容的手机充电器让用户怨声载道，在用户基数如此庞大的市场上，旧手机的充电器如果不能继续使用也是一种浪费，因此，政府部门积极推动出台了充电器与线缆连接的接口标准。由于统一的电气规范也能降低零部件的制造成本，所以这一标准很快为手机生产企业广泛接受。[44]

发达经济社会中的市场竞争经常表现为标准的竞争。强势企业往往会利用自己在某一专业领域的领先或支配地位，积极推行自己设计的独特标准，在这一过程中，由于信息不对称，用户似乎会处于被支配的地位，但决定权在消费者自己手中，用户可以拿自己的钱投票：如果没有竞争性的标准，他可以选择不购买这个商品，直到采用了他喜欢的标准的产品出现。如果有广为接受的标准已经建立，企业不应再画蛇添足，提出另一种在应用上没有显著差别的规范，这样做是毫无意义的，但这样的情况在业界确实经常发生。就拿消费者常用的闪存存储器来说，市场上本已有应用广泛的CF卡和SD卡等数据存储标准，日本厂商索尼公司却在其后又推出在应用上没有什么区别的记忆棒，而且在其笔记本电脑、数码照相机和数字摄像机等的设计上做出限制，让用户只能使用这一半导体存储系统。由于价格昂贵而且缺乏第三方厂商的支持，记忆棒在半导体存储市场中逐渐趋于边缘化，这一失败的尝试以企业及其产品用户的共同受损而告终。[45]

如果一个人稍微掌握一些信息技术知识，也可以自己将文本文件的基本单元定义为 12 个比特，但他用这样的格式写成的文章，别人利用现有的软件工具肯定都无法阅读其电子版本，或者需要另外安装转换工具，将这种特殊的格式转换为通用的文本格式才能使用。这种非数据友好的行为如同平地起墙，徒然给他人增加经济成本，在现实中既毫无必要，也没有任何意义。虽然公众会对一个人任性地设计出来的标准嗤之以鼻，但是一个企业如果做出这样的蠢事，公众往往会麻木不仁，或者在其市场推广和广告宣传的轰炸下茫然接受，甚至心生向往。尽管对企业或企业集团提出的各种标准进行价值判断是主观的，其是否会被业界普遍接受，主要还是要基于不同标准在市场上的自由竞争的结果，但我们仍然可以对其是否符合社会文明的长远发展趋势进行分析，并断言像记忆棒和蓝光光盘这样的标准明显是反数据化的。

另一类兼容性问题出现在信息社会发展的过程中。由于新的技术不断涌现，人们有时会发现以前的东西太陈旧，沿用旧的不如推翻了它，从头创造一个新的体系出来。但是这往往意味着，由于新的体系不能兼容旧的数据格式，导致产品无法使用或需要付出成本进行转换。苹果公司就曾经在这个问题上走入歧途。

作为个人电脑的设计和生产企业，苹果公司在过去短短三十年左右的时间里，曾经两次彻底推翻原来的体系架构，开发出全新的硬件和软件。在每一次改变的过程中，其用户都无法在新的系统上使用为旧系统配置的大多数硬件和软件。因为兼容性的问题，苹果的忠实用户为了其数据不友好的“革命性”升级付出了巨大的代价。当然，这些用户是自愿的，他们决定了购买和拥有设计精美的苹果产品，就意味着甘冒旧软件无法在新系统上使用的风险，愿意花时间和精力去转换、迁移以前保存的旧格式文档，或愿意承担重新花钱购买新系统上软件的成本而不是获得免费升级。

真正的标准创新会值得个人与社会付出成本去接受和普及。划时代的新技术和新产品在开始推出时都是昂贵的，毫无疑问这有其合理性。苹果的第一代智能手机创新地应用了触摸屏界面，大量用户彻夜排队花高价购买，毫不犹豫地抛弃使用物理按键或手写笔操作的旧手机，并花费时间迅速熟悉和掌握新交互界面的使用方法。但在从 iPhone 4 升级到 iPhone5 的时候，苹果公司却更换了其数据接口的标准，导致用户的手机数据配件不能兼容。买了新一代的手机以后，以前花钱为旧一代手机额外购买的数据线、底座音箱、半导体闪存卡连接器和移动电源等都无法兼容使用。这是典型的反数据化的策略。[46]

在现代社会中，公众标准作为智能的外化，维护着一种基于知识的信用体系。譬如我需要一把椅子，我相信如果从商场或家具店买一把回来，其高度一定是符合标准且与我已有的桌子匹配，并适合正常身高的人使用的，不需要在去商场之前花费精力进行调研，了解不同厂商生产的各种品牌的凳子的高度是否一致；当我的收音机没电了，我去买两节新的五号电池回来换上，不用想也肯定能使用。但是，习惯了通用而廉价的 CF 和 SD 半导体存储卡的用户，将索尼的笔记本电脑、数码摄像机和数码照相机买回来，却意外地发现无法使用旧的存储卡而需要另购昂贵的记忆棒，他们是否会感到被愚弄了呢？如果在苹果的 iPad 平板电脑上，用户想要使用这些已经广泛普及了的标准 CF 和 SD 半导体存储卡，却被告知要额外购买昂贵的接口转换器的话，他们是否愿意接受，由于自己没有在购买之前了解这些技术细节，提前付出足够的知识成本所要补偿的后续经济代价呢？[47]

数据化是人类智能的外化，数据类型、数据接口等的标准化让我们可以将一部分思维负担、知识负担外包出去。在信息爆炸的环境里，标准化可以大大减轻人们记忆和思考的压力。就好像人类发明车轮后，轮距逐渐形成统一的标准，这些发明及其应用中的标准化，一方面替我们承担了繁琐沉重和重复性的体力工作，另一方面，也通过其相关知识的传递、其他地区人的仿制让产品通用兼容。

11.2 非线性

虽然现在几乎整个社会都在拥抱数字化，但是很多人的思维仍然停留在模拟时代。按照这种旧的思考逻辑，把模拟录像带上记录一段 40 分钟电视剧的电信号一一对应地转换为数字比特,数字化的任务似乎就完成了,但实际情况远非如此。

原始的、低层次的数字化应用中充斥了这类线性思维,我们需要用数据化超越这种思维。线性的基本概念就是认定一个事物的变化关联着另一个事物的同等比例的变化,用数学上的概念说,就是一个变量与另一个变量呈简单比例关系(一次方程)。反映在上面的例子中,就是大多数人把模拟视频的数字化,理解为就是把模拟的视频电信号一一对应地转换、量化为数字比特就行了。在数字录像带上,节目时间与磁带长度的关系是一一对应的,那仅代表初级阶段的数字化。

下一步,我们还要把视频转为数据文件。在这一过程中,除了视频内容转换为数字比特以外,还有附加的数字比特(例如校验、时码等)产生;音频与视频往往不是独立平行录制,而是在时间上交错存储;记录视频内容的数字比特也不是连续的,它们被切分为一个个数据包,每个包的头部都会有描述其内容特征的元数据;如果涉及压缩,一段两秒钟的有剧烈运动的画面对应的数据量,有可能比另一段两秒钟的平静画面大很多(可变比特率压缩)。数据文件保存在硬盘中,影视节目被分块存储在一个个磁盘扇区里,节目时间长度与空间尺度不再是等比例的关系,这是影视非线性编辑系统工作的基础。如今,非线性编辑系统已经基本上把线性的、使用数字磁带的系统从所有电视制作机构淘汰了出去,因为它是基于非线性的数据开展工作的,这样能大大提高制作效率。

在现实生活中,非线性其实也无处不在。当我们将石油从一个地方运送到另一个地方时,是应该建设输油管道(线性连续),还是铺设铁路运行货运火车,或者是利用油轮运送,又或者是修筑公路用油罐车(非线性离散)运输呢?在进行越洋货物运输的时候,我们是按照老办法,把所有货物散堆在船的货舱里,还是使用几十年前发明的集装箱,利用集装箱货轮与集装箱码头、集装箱货车等现代物流体系呢?又例如打电话,原来我们使用的固定电话,很早就被称为数字程控电话,为什么用同样的电话机加拨几个前置拨号,我们就能花费更少的钱使用 IP 电话打长途呢?

对这些问题的深入思考,将让我们以新的视角看清周围的非线性现象。就信息科技的发展来说,非线性是数据化的一个必然。数字化本身已经是以离散的比特突破模拟电信号的连续性，非线性要求我们在更微观或更宏观的新层面上又打破比特流的连续性，再次跳出均匀化、按比例的传统思维逻辑。无论那些仍然抱残守缺的企业是否接受，非线性的现象都会随着数据化遍及我们工作、生活的每一个角落。

11.3 通用性

通用性是与专用性相对的。一台 DVD 机是专用的系统，你只能用它来播放 DVD 视频光盘，或者听 CD 音乐，有些还能显示图片，仅此而已；一台个人电脑是通用的系统，你不仅能用它来播放 DVD 和 CD，还能用它处理和打印文件，或玩游戏，或上网浏览和聊天，甚至还能做很多现在还没有想到的、未被开发的事情。通用系统拥有专用系统无与伦比的灵活性，这不仅表现在计算上，还表现在存储和通讯上。

DVD 视频光盘是基于专用的存储格式的，只能用来记录 MPG 压缩格式的视频轨。而同样大小的 DVD 数据光盘则属于通用的存储介质，其中既可以保存 MPG 格式的视频文件，也可保存 RMVB 格式、MP4 格式、MKV 格式和其他任何格式的视频，此外还能记录图形、图像、声音和文本文件，就像电脑中的硬盘一样。

互联网是数据通讯网络，具有原生的通用性，这一网络在最初设计时就是为了传输任意类型的数据，而不是传输某种专门内容的。早期的互联网上传递的主要是文本数据，但之后随着互联网的商业化，带宽急剧增加，声音、图形、图像和视频渐次成为网络中流动的主要媒体，如今以宽带网络接入的用户利用它进行视频通讯、观看高清的流视频也不在话下。我们熟悉的专用网络包括手机的数字无线通讯网络，这是前数字化时期的通讯平台，这一网络是为了语音通讯设计的。从技术上理解，数据无线网络是嫁接在这个数字无线网络上的，当然随着无线通讯技术从 2G 向 3G、4G 演进，人们使用手机越来越倾向于消耗数据流量，而不是拨打数字电话和发短信，因为数据网络已无所不能。

曾经在信息技术领域被热议的所谓三网融合，实际上应该从专用数字通讯向通用数据网络的转变这个方面去理解。毕竟，数字通讯网、数字电视网与计算机互联网这三者不是同一层面的概念,因为前两者是物理网络,是专用的网络,后者则是全能的网络,而且它压根就是一张虚拟网。互联的本意就是把使用不同物理介质、不同底层通讯协议的实体网络连接在一起——之所以能实现统一的通讯,就是因为互联网运行在它们的基础上,而且传输的是通用的数据包。

凯文·凯利预测信息科技的未来,称专门化、专用化是发展的一个方向,专用系统会变得更多、更强。[48]笔者对此保持怀疑,因为现实的趋势是,专用系统明显式微,通用系统快速占据绝对主导地位。不需要太留心我们都能随时看到,在教室里,多媒体讲台中的 DVD 播放机和录像机已经没有人使用,老师使用的只是计算机,甚至下课铃也换成了由计算机控制的放音系统;在商场里,触摸屏的查询设备和收银机都是一台台个人电脑;在银行里,自助存取款机的机箱里也是通用计算机在运转;在卡拉 OK 厅,每一台点歌机的选歌系统都运行在 Linux 或其他系统的电脑上;如今由通用计算机驱动显示的,还包括很多单位门前提示信息的 LED 显示栏、街头建筑物上的大屏幕、演出现场的背景投影等,这个趋势还在扩展和增强。

11.4　开放性

非线性和标准化不是判定数据友好的充分条件,在封闭的体系内部让专有的标准相互兼容,这对体系之外更多的人和机构没有意义。实际上,数字比特从它产生之日起就有标准。在数字化的进程中,个人、企业、协会、论坛、组织和政府一直在对比特的组合作不同的定义,并尝试推出各式各样的标准。但是,只有当这些定义和标准是透明的、开放的时候,我们才称之为是数据友好的。无论在什么情况下,用户都应该有办法知道,数据的结构是什么样的,相关的标准如何定义,如何读这些数据,如何处理和记录它们。如果不是为了安全和个人隐私等特殊需要,所有关于数据定义的信息都应该公开。

当然,世界上的大多数人并不会真地想知道,自己每天用到的每一种数据是如何定义的。但我们仍然需要保持数据的开放性,以确保在任何时候,当用户想知道关于某种数据的任何细节时,他都可以获得相关的全部信息。智能外化的真义就在开放性之中。

一部影片以视频数据文件的格式被保存在硬盘上。大多数人在想观看影片的时候,仅仅是用视频播放软件打开文件进行播放。但也许有一天,某个人有了一个想法,他想把某个镜头的画面改动一下;在其中插入另一部影片的片段进行剪辑;用自己录制的配音、音乐替换影片中的一段声音;把影片中某一段截取下来,放到自己创作的一部作品中;把该影片中的一个精彩镜头的每一帧画面都提取分离出来,打印在纸上仔细分析。这些都需要相应的软件工具,而为用户设计这些软件工具的人,当然需要知道这种视频文件格式的细节。

数据化对于标准化、兼容性的要求,从本质上说是基于这样一种原则:知识是非稀缺的资源,它从本性上是不适合排他性独占的。此外,任何人的创新都不是凭空产生的,而是在前人的基础上实现的。不同地域的人可以根据同样的规范获取知识,后人可以方便地获取前人创造的知识成果与积累的经验。这是超越时空的分享,是智能被无阻碍地外化和内化。知识、创意和智能不应该仅仅局限在少数人中间,不应该仅仅局限于某一个地域,不应该仅仅局限于某一个特定的时代。

当然,数据友好只能作为一种倡议提出,我们希望所有企业、所有信息科技产品与服务的开发者都尊重这一原则,但是否采纳数据友好这一主张,仍然属于企业自主自愿的选择。在今天的市场上,还是有苹果公司这样的典型例子,长期以来,它一直以封闭、不透明的企业文化而闻名于世。历史上,苹果公司曾因为这种态度而走到了生死关头,由于它在世纪之交大刀阔斧地进行改革,在进入消费电子市场时勇敢地采用了较为数据友好的策略,因此能从智能手机上东山再起。我们注意到,如今的苹果公司已不像当年那么狂妄,它在谨慎地平衡其技术路线的开放性与封闭性——一方面,苹果公司在产品中明智地采纳了DVI、HDMI、USB、WiFi、蓝牙和IEEE1394火线这样的通用规范。另一方面,其也固执地加入了thunderbolt、Nano SIM、Lightning等专有标准,[49]人们以此判断它仍然在某种程度上坚持着自己不开放的态度。

很多人不赞同苹果公司相对封闭的技术策略,但任何人、任何外部机构都不能强迫苹果公司这样的企业全面接受数据友好原则。苹果公司只允许开发者在自己运营的应用商店发布软件,苹果的用户也只能在这个网站上获得应用、媒体内容和更新，不能选择其他应用分发服务商和媒体网站。这也是为什么从苹果智能产品一出现起，就有所谓"越狱"的现象存在。基于一系列与此类似的严格的许可限制，一方面，苹果公司主动承担了审核应用质量，保证用户系统和软件安全的责任；另一方面，苹果公司也确保了能从第三方开发者销售应用的收入中获得分成。无论你认为苹果公司如何霸道，目前苹果公司与用户之间形成的是基于自愿选择的市场关系，没有人可以打着人类进步、知识共享的旗号，挥舞实体暴力大棒，强迫企业按照一个理想的、开放的、兼容的模式运营。

企业是否认同和践行数据友好原则是一个科技伦理、商业伦理上的自主选择。对这一选择的尊重，根植于我们在技术哲学层面对数据化现实的清醒认识，这一现实就是"数据自由"。

注释和参考文献

[1]阿里巴巴集团从 2014 年 2 月开始就在各种场合公开宣布要围绕"数据科技"（Data Technology，简称 DT）发展业务。作为公司的董事会主席，马云在 2014 年初向员工发表的公开信里表示，未来十年内阿里的战略目标是"建立 DT 时代中国商业发展的基础设施"，其后，他也在演讲中多次强调"数据科技"的重要性，而非跟风业界去谈论"大数据"。

[2]到 2014 年底，诺基亚在将其手机部门出售给微软公司以后，已经彻底放弃了手机业务，只向市场提供基于安卓操作系统的平板电脑。如今，诺基亚自诩为一家聚焦于网络基础架构、地理位置系统和其他先进科技的公司。

[3]塞班系统虽然号称是开放源代码的智能系统，实际上它既没有完全开放内核源代码，也并不是真正的智能，甚至使用先后不同版本塞班系统的诺基亚手机互相之间也不能兼容。这与在新系统版本中，总能运行低版本应用的安卓系统形成鲜明对照。

[4]很多人把 2007 年发布的 iPod Touch 当作苹果公司在智能手机之前推出的一款过渡产品。在笔者看来，这是一项超前于时代的全新的科技结晶。iPod Touch 运行的是 iOS 移动设备智能操作系统，拥有多点触控和 WiFi 无线数据联网等先进特征，只是没有像 iPhone 那样强大的数字电话通讯能力。未来的智能手机很可能逐渐移除数字电话模块，变得越来越像 iPod Touch，当未来无线数据网普及和实现无缝的稳定服务以后，人们只需通过数据应用联系就足够了。

[5]Windows Phone 手机系统在市场上仅仅发出了微弱的声音就很快被边缘化了。虽然这一

手机系统由长期主导数据友好的个人电脑 PC 操作系统的微软公司打造，但它本身完全是封闭技术思维的产物。这种系统遭遇失败是必然的。

[6]索尼公司以推出基于最新技术的电子产品著称。这其中的危险在于，企业的领导层会发展出盲目的自信，认为只要自己公司发布了新的科技产品，整个市场就会朝这个方向跟进。索尼公司对数据化的潮流视而不见，仍然长期在原始的、低水平的数字化线性轨道上盲目研发新、奇、特的电器，该公司以及包括日本整个电子产业在内的科技战略都在朝着非数据友好的方向惯性运转。

[7]索尼公司在中国市场上最早推出的电视字幕机是基于专用数字系统架构的，在新生的中国企业围绕计算机和视频叠加板卡、视频实时合成软件拼凑的字幕机面前，这家跨国企业还是败下阵来，并在其后的电视节目非线性编辑系统、电视台采编播系统和虚拟演播室系统等一系列技术演进中远远落在后面。

[8]电视台的制作机房里原来采用由数字编辑控制器控制两台或多台录像机的系统架构，之后发展成以计算机非线性编辑工作站为中心，连接输入输出视频素材和电视节目的录像机的系统，再到今天变成计算机非线性编辑主机通过数据网络互联，视频素材的上载和输出则通过高速读取半导体存储卡完成，半导体存储卡里的内容越来越多是由单反相机拍摄和记录的数据视频文件。

[9]DV 标准是由多家企业合作推出的、很快被市场广泛接受和应用的视频格式与接口规范，索尼公司的 DVCAM 格式没有对 DV 做实质的改进，而是人为制造了不兼容。

[10]记忆棒(Memory Stick)于 1998 年 10 月由索尼公司发布，这是一种在已为市场广泛接受的 CF 卡和 SD 卡之后推出的半导体闪存，其标准由索尼公司独家控制。记忆棒与市场中原有产品相比没有什么实质性的技术改进，但价格远高于市面上通行的存储卡，并且由索尼限定了在其电子产品中只能使用记忆棒来存储。

[11]在 20 世纪 90 年代的音乐电子消费产品市场上，从早期的数字化产品 CD 向数据化的产品 MP3 的迁移已经很明显，但索尼公司仍然逆潮流大力推广微型光盘 MD(MiniDisc)，MD 的规范也是索尼公司专有的，该标准在 21 世纪初彻底失败并退出了市场，可悲的是，这一事件几乎没有人注意到。

[12]虽然在两种新的光盘格式的竞争中，HD-DVD 随着 2008 年 2 月东芝公司的退出而宣告失败，看上去好像是蓝光光盘胜出了，但是实际上这两种视频光盘规范都是反数据友好的，其专有的标准设计中充斥着 DVD 时代的原始数字化思维。支持更大数据流量的宽带互联网的普及，必然会将这些延续老旧技术理念的产品边缘化。

[13]戴维·温伯格著，张岩译：《新数字秩序的革命》，中信出版社，2008 年 11 月，p.58。协同

过滤也被称为联合筛选。亚马逊在网站页面上把某些书籍放在一起，其理由既不是根据传统图书分类方法——例如杜威分类法，也不是依照书的内容主题，而是根据网站对特定客户购买、浏览活动数据所作的分析。

[14] 亚马逊云计算服务也称亚马逊万维网服务（Amazon Web Services，AWS），亚马逊公司自身的主要网站系统就架构于这一平台上。亚马逊公司在 2002 年 7 月首次将这一服务推向市场，到 2007 年，这一服务已经在同类市场中占据了绝对领先地位。

[15] 中国市场上与 Kindle 阅读器相似的产品是汉王科技公司的电子阅读器，或称电纸书。汉王电纸书曾在中国市场上占据超过 90%的份额，但随着智能手机和平板电脑的普及，这类专用的、封闭的电子产品很快便销声匿迹了。

[16] 亚马逊的 Fire Phone 手机上安装了 5 个摄像头，该手机试图在视觉智能识别等方面独辟蹊径，但其基础设计理念中的封闭与不兼容导致了该产品在市场上的惨败。

[17] 虽然以互联网数据收集、海量数据库维护与数据检索为主业，但是谷歌公司从本质上看应该算是一家广告公司。该企业的主管也曾经在公开的场合这样描述自己公司的定位。

[18] 早期运行 Chrome OS 的设备不联网就无法使用，因为几乎所有的 Web App 应用都需要网络服务器支持运行，企业的盘算是用户的所有活动数据都在网络上生成和被企业收集，企业以软件服务的形式向用户按月或按年收取费用，以支持企业的可持续发展。这种商业模式在市场上受到了冷遇，谷歌公司也在不断调整策略。新的 Chrome OS 系统支持用户使用本地硬盘存储数据，可以安装本地应用并脱离网络独立工作。谷歌公司甚至在 Chrome OS 上提供了一种新的运行环境，让用户可以运行为安卓系统开发的应用。这些改进让谷歌的 Chrome OS 笔记本电脑从 2014 年开始逐渐受到消费者的欢迎。

[19] IBM 公司的创始人托马斯·沃森在 20 世纪 40 年代作出了这一预测，但这个预言很快就被证明是错误的。

[20] NetPC 即 Network PC，是一种被称为瘦客户端的设备。与个人电脑 PC 相比，该类设备的存储和计算能力被削弱甚至被彻底取消，而通讯功能被保留或增强，以充分利用远程服务器主机的计算和存储资源。设想中这类产品在企业用户间广泛部署后，可以大大降低企业的信息化成本，但它从来就没有真正流行起来。全功能的个人电脑因为生产和消费的规模效应，其成本甚至能做到低于这种残废的 NetPC，更不用提企业中的职员在使用这些瘦客户端的时候还需要额外的培训成本。

[21] 微软公司从 1999 年开始在全球推行“维纳斯计划”，其产品为一种运行 Windows CE 操作系统的廉价机顶盒，以用户家中的电视机作为显示设备，声称要让发展中国家的贫穷

家庭使用该设备上网。这种只强调通讯，彻底忽视本地存储和本地计算的产品很快就遭遇了失败。与之相映成趣的是，在民间的组装机市场上，没有获得任何大型计算机企业推广和支持的 HTPC(Home Theater PC，即家庭影院个人电脑)反而孕育产生出来并不断发展壮大，这种产品也是需要与客厅里的电视机连接的，其本地计算与本地存储性能为播放和保存高清晰视频而作了增强。

[22]凯文·凯利著，陈新武、陈之宇等译：《失控》，新星出版社，2010 年 12 月。

[23]小米公司的商业模式就是研发出高质量的产品，然后以远低于同行的低价推出并阶段性地限量出售，直到因规模效应和科技发展导致产品成本快速降到售价以下。其他厂商的传统做法是，高价推出手机新产品，让少数高消费人群首先享用，然后慢慢降低售价，以获得更多的价格敏感用户。小米的设计、研发、生产和销售行动却反其道而行之。这不仅仅是一种价格战，更重要的是，它让众多用户以更低的成本提前获得数据友好的产品与服务体验。

[24]目前市场上几乎所有的智能电视盒、智能电视都是封闭、专有化的系统，开发企业不去在最需要改进的电视交互体验方面下工夫，反而热衷于通过修改开源的安卓操作系统建立自己狭隘的开发环境小圈子。

[25]Firefox OS 于 2012 年正式公开发布，它是一款基于 Linux 核心的开放源代码的智能手机、平板电脑操作系统。与使用 C、C++和 Java 开发应用的安卓平台不同，Firefox OS 系统上应用的主要开发工具为 HTML5、JavaScript 和 CSS 等，这决定了该平台环境是重度依赖网络的。

[26]微博和推特的开放性体现在它们像所有常见的互联网网站 Website 一样，其内容向所有网络用户开放，任何人都可以使用搜索引擎从中查找自己感兴趣的信息。与之相对的是，近些年来一些大型网站，如“脸书”(Facebook)等采取了封闭的策略，不仅需要注册用户名和密码才能登录查看信息，该公司还禁止搜索引擎索引自己网站上的内容。

[27]除了竖长图片形式的图文长微博以外，近些年来新浪公司和其他机构还开发了文本格式的长微博，但都没有流行开。图片长微博甚至发展出九宫格的形态。因为一条微博所能附加的上限图片数量是 9 幅，所以可以通过长微博发布超过 10 万字的内容信息，相当于一本较薄的书。

[28]微信是中国市场上独创的现象级互联网产品，它不像微博和 QQ 那样在国际上有明显的模仿对象。微博是从 PC 互联网发展到手机上的，而微信则直接诞生于手机互联网环境中，其出现和发展过程都与智能手机的普及和移动互联网的扩张完全吻合。

[29]2014 年的统计数据表明，百度的搜索引擎在中国互联网搜索领域占有超过 50%的市场

份额。

[30]百度的音乐搜索产品生存了下来，但中国的谷歌音乐搜索产品就没那么幸运了。从2009 年 3 月正式推出，到 2012 年 9 月宣布关闭，谷歌音乐搜索产品在中国只持续了 3 年多的时间。

[31]到 2015 年 4 月，《江南 Style》的音乐 MV 在 YouTube 视频网站上的点击数量已经超过了 23 亿。

[32]奇虎 360 是一家在纳斯达克上市的中国公司，其主要业务领域是计算与移动平台上的安全产品与服务。除了以免费提供安全产品著称以外，奇虎 360 也被认为是在市场中行为比较激进的企业。在与同类产品竞争时，奇虎 360 经常突破行业惯例和默认共识；在向用户推广产品与服务的时候，奇虎 360 也总会率先采用一些诱导用户的手段。

[33]从 2009 年起，谷歌把原来以“谷歌存档”(google profile)向用户呈现的各类个人数据，改为由“谷歌仪表盘”(google dashboard)来提供。用户在谷歌网站上被收集和记录的所有活动数据，都在这里汇总。用户登录该页面后，可看到 Google 各类服务中所储存的个人信息，包括 Gmail、YouTube、Blogger、Picasa 等，用户可以随时删除数据、更改隐私设置、了解不同服务的隐私政策等。该服务的网址为：https://www.google.com/settings/dashboard

[34]唐纳德·A.诺曼著，张磊译：《设计心理学 2：如何管理复杂》，中信出版社，2011 年 8 月，p.42。作者在书中强调，驯服复杂性主要是设计师、程序员等的任务，用户得到的解决方案越是简单，开发人员越是需要付出更多的努力，构造更复杂的系统——即将更强的智能注入产品设计中，让用户只需投入少量思维活动即能有效运用。

[35]霍华德·加德纳著，沈致隆译：《智能的结构》，中国人民大学出版社，2008 年 3 月。作者在研究中发现，人在婴儿期就对符号有所理解。虽然作者在构建其多元智能理论体系时，没有将最基础的智能回溯到对“有无”的认识和抽象理解方面，但是他还是正确地用符号能力的出现来讨论智能的最初状态的人。“我看待符号的观点是广义的。……我认为符号可以使任何实体(不论是物质的还是抽象的)，被设想为或看作是另外的实体(entity)。按照这个定义，单词、绘画、图表、数字以及其他的实体，都很自然地被看成是符号。因此，任何一个实体，如一根线条、一块岩石，只要它被用来体现和用来解释某种信息，同样也都是符号。”

[36]虽然算盘被普遍认为是中国人发明的，但是考古发现中还是找到了其他地方有类似制品的更早证据。巴比伦、罗马都出土过与算盘相似的算板。算盘在中国的真正广泛使用是在宋元时期。

[37]安提基特拉机械是一种计算天体位置的青铜机械。虽然有人将其称为最早的模拟计算

机,这一装置明显属于专用系统,不能进行真正的通用计算。

[38]参见凯文·凯利2014年对中欧国际工商学院赴美国访问团的演讲稿。原文标题是《凯文·凯利斯坦福演讲 预言未来20年科技潮流》,网络链接:http://www.cyzone.cn/a/20141027/264795.html

[39]自由软件与开放源代码软件是有差别的,自由软件属于开放源代码软件体系中的一个主要分支。自由软件对使用者有比开源软件更严格的约束,要求使用者承担更严肃的义务和责任。

[40]凯斯·R.桑斯坦著,毕竟悦译:《信息乌托邦》,法律出版社,2008年10月。在该书的第五章《许多正在思考的头脑:维基、开放资源软件和博客》里,作者写道:"关键点是,能够有进入某个程序的众多头脑,至少在一些情况中这种进入是快速改善的引擎。正如在维基的情况中一样,我们毫无疑问会在此处发现许多惊喜。通过开放资源项目,人类的创造力继续保持兴奋,甚至是几乎无法想象的革新。"

[41]19世纪80年代,爱迪生主张直流电供电,而特斯拉与威斯汀豪斯则认为交流供电更有优势,两种方案在当时展开了激烈的竞争。

[42]刘锋著:《互联网进化论》,清华大学出版社,2012年9月,p.166。

[43]Google Reader服务的关闭,让很多人认识到了这类云服务的脆弱性,无论是收费服务还是免费服务。虽然谷歌和第三方提供了方法,让用户导出自己的订阅列表,但是用户所能留下的只是数据(甚至仅仅是数据的索引目录),与这些数据相关的计算力、通讯力和存储力都是用户无法自主掌控的。

[44]欧洲规定手机充电器的接口标准采用MicroUSB规范。中国工信部在2006年与2010年分别公布了手机充电器与线缆连接结构标准以及补充的技术规范,要求充电器与充电线之间使用USB接口连接,充电线与手机连接采用MicroUSB、MiniUSB和圆柱形三种规范。

[45]在推出记忆棒的头几年,索尼公司的电子设备只允许使用记忆棒作为存储介质。由于市场反应冷淡,近些年索尼公司发布的电子产品也开始使用符合通用标准的SD卡等作为存储单元。

[46]苹果公司早期的移动电子产品直到iPhone 4s都采用其独有设计的30针数据接口,从iPhone 5开始,其移动电子产品的数据接口更改为8针的Lightning接口,也称"闪电"接口。该接口的金属触点在同侧完全裸露,是一种低劣设计的产物。

[47]到21世纪的第二个十年,为市场广泛接受的半导体存储卡标准已经统一为CF、SD和Mini SD(TF)三种。

[48]凯文·凯利著，张行舟、余倩等译：《技术元素》，电子工业出版社，2012 年 6 月。

[49]虽然苹果公司在移动设备的数据标准上总是我行我素，其充电器与手机接口端的设计事实上违反了欧盟政府和中国政府设定的强制规范，但是这属于企业与消费者之间的自愿选择问题，属于企业是否采取数据友好策略的经营方式问题，不应为此对其采取法律行动。

第四篇

数据自由

第12章　数据计算的自由

信息科技催生的优秀产品与服务在我们周围迅速渗透，我们在工作、生活中获取大量便利的同时，也面临着各种新的不确定的风险。个人的大量敏感资料以开放的数据形态保存在云中，暴露在精力充沛、好奇心旺盛的黑客眼前；企业投入大量人力和财力研发的软件，很容易未经认可就被大量复制和使用；内容创作者撰写的书籍文章、编配的音乐、拍摄的影片，都能轻易地在互联网上找到未经同意而传播的副本；更不用说像美国政府"棱镜计划"这样监听民众电话和拦截电子邮件、捕捉社交软件通讯内容的大规模数据收集行动了。[1]

数据应用的发展向我们提出一系列基本问题：数据是属于谁的？谁在掌控数据或者说谁可以获取对数据的掌控？谁能排除别人掌控数据的可能性？通过什么手段使用数据才是正当的？是否可以引入实体世界的强制力，惩治虚拟世界的"不当"数据应用行为？

要回答上面这些问题，我们需要清醒地认识我们所面对的数据化现实。因为无论我们是否承认，史无前例地，数据力已经交到了每个人的手中，而数据自由则是文明发展和社会进步的必然选择。古典自由主义者坚持的是"消极自由"，即人有不被干涉的自由，更明确地说，每个人的自由可以自然扩张，但截止于不可主动侵犯别人的人身和实体财产。对数据自由的认识与之一脉相承：由原子、分子组成的实体财产具有排他性占有的属性，排他性决定了人在自然尺度上的自由的时空限度，决定了人的权利边界；比特、数据的非排他性也是客观的属性，非排他性决定了人的自由可继续向前推进。也就是说，虚拟世界赛博空间里的所有数据都是非排他、非独占的，每个人都可以自由访问——这就是数据自由。

坚持数据自由，就是要坚持个人、企业和其他机构都有运用数据计算力、数据通讯力和数据存储力的自由，因为个人、企业和独立机构无论如何使用自己的电脑、手机，都不会侵犯任何其他主体的人身权与实体财产权。从这个事实出发，我们对身边正在发生的林林总总的事件就有了更清醒的认识和判断。

12.1 这些软件可以在我电脑中为所欲为吗？

电脑软件是用户的财产吗？用户在自己电脑里安装一款软件，电脑公司可以从服务器端远程控制这个软件，自动扫描和分析用户的硬盘，或者根据特定条件拒不执行用户的运行命令，甚至自我删除（软件自杀）吗？发生在2010年的奇虎360与腾讯QQ争斗事件，提醒我们需要对此作深入的思考。[2]

360安全卫士是奇虎公司于2006年正式推出的免费电脑安全软件。到2010年6月，这款软件远远超越了市场上已有的电脑安全工具，其安装量达到2亿，占据中国国内杀毒软件市场份额的一半以上。基于安全软件常驻用户电脑内存和桌面的特征，奇虎公司以之为跳板，继续推广自己的其他产品与服务，渐次在网络浏览器、网页游戏和网络搜索引擎等领域占据了可观的市场份额。

在电脑即时通讯软件领域居市场主导地位的腾讯公司也试图进入这一市场。从2010年初开始，腾讯公司借助其庞大的QQ用户群推广QQ医生安全软件，该软件功能与360安全卫士重叠，它在短时间内安装在了国内近1亿台电脑上，市场份额接近40%。2010年6月，腾讯公司进一步升级QQ安全管家产品。9月的中秋节期间，QQ附带的“QQ软件管理”和“QQ医生”自动升级为“QQ电脑管家”，这一与奇虎公司的360安全卫士功能十分类似的产品在安装过程中并未给出任何提示信息。

在论坛和网站上，腾讯QQ被不少网民质疑侵犯了用户的隐私。第三方的证据显示，腾讯QQ会扫描用户硬盘上大量与QQ程序无关的软件和用户的个人文件。对此，腾讯公司于2010年11月5日承认“QQ电脑管家”确实会扫描用户硬盘文件，但称这只是“正常的安全检查”。

为应对腾讯公司进入安全软件市场带来的竞争压力，奇虎公司在2010年10月29日推出“360扣扣保镖”软件，号称可以为QQ用户提供全面保护，给QQ加速，并且完全免费。该软件具备的功能包括防止QQ静默扫描用户硬盘等,同时奇虎公司宣称“360扣扣保镖”软件默认不会修改QQ任何设置,所有功能都由用户自主决定是否开启。该软件工具允许用户自行卸载QQ弹窗、QQ广告、QQ音乐、QQ宠物、QQ秀等腾讯QQ即时通讯软件的附带服务模块。此举被腾讯公司认为侵犯了自己的商业利益。腾讯公司随即发布了《关于腾讯公司软件服务与360软件不兼容的声明》,称此软件以木马方式对应用软件QQ进行注入,修改了软件的正常功能。

在“360扣扣保镖”软件发布数日后,腾讯公司持续作出回应。2010年11月3日,腾讯发布《致广大QQ用户的一封信》,宣布将在运行360软件的电脑上停止运行QQ。自此,用户在每次开始运行腾讯QQ软件的时候,该软件都会自动检查用户电脑中是否已经有360软件在运行,如果有,腾讯QQ软件就自动终止运行,使网民无法继续使用。作为对此事件的回应,奇虎公司于翌日也发布了《360致用户的一封公开信》,宣布召回“360扣扣保镖”。

不出意外的,安全软件的争斗延伸到了法律的层面。2010年10月14日晚,腾讯对外宣布正式起诉奇虎公司,要求奇虎公司及其关联公司停止侵权、公开道歉并作出赔偿,而法院也受理了此案。针对腾讯的起诉,奇虎公司随即发表回应,称腾讯公司此举是打击报复,并称其他公司的安全软件例如Comodo、AVG等均发现了QQ软件的异常行为。

由于波及的用户众多,工信部和公安部对此次事件进行了干预。2010年11月21日,腾讯公司和奇虎公司分别在各自官方网站上做出声明,向社会和网民道歉。2013年4月25日,广东省高级人民法院一审判决奇虎公司构成不正当竞争,要求其赔偿腾讯公司500万元。奇虎公司不服,上诉至最高人民法院。2014年2月24日,最高人民法院开庭对腾讯公司诉奇虎公司不正当竞争纠纷上诉案进行宣判,宣布驳回奇虎公司、奇智公司的全部上诉请求,维持一审法院判决。

从数据化的角度观察这一现象,我们注意到,安全软件的争斗纯粹发生在虚拟世界里,这次事件中,没有任何人的实体财产受到侵害。用户的电脑硬件,确定无疑是用户的私有财产,这些电脑还在那里,还是属于每个用户自己所有。但是,电脑里安装的软件只是一些状态的集合,是比特、是数据但根本不是财产,所以不存在属于任何人的问题。企业偷偷在用户电脑上远程运行软件到底对不对，对此的回答只属于道德判断。不同企业因软件"打架"而相互发生冲突时，不应诉诸法律。正确的做法是在行业协会的组织下双方协商，或者在双方认可的第三方处寻求仲裁。

有些用户指责腾讯公司遥控 QQ 软件自杀的行为过于霸道。他们认为，用户安装了 QQ 软件，登录过腾讯的服务器以后，就与腾讯公司达成了契约。腾讯公司随意更改契约，额外附加服务条件，发现用户同时运行了 360 的安全软件就拒绝继续服务，这是对契约的破坏。这些用户忘记了一个事实，大多数人都是在免费使用 QQ 软件，所谓的契约仅仅是企业对用户的承诺（其中也隐含了用户对企业的承诺，比如把自己的数据无偿提供给腾讯公司之类的），其间并未涉及财产的转移。因此遵守或违背承诺只涉及道德层面的责任，不涉及法律义务。当然，腾讯的付费会员用户是有权向腾讯公司声索赔偿的。[3]

更重要的是，这件事提醒所有电脑用户，对电脑里运行的软件负有责任的是每个人自己。无论是著名公司开发的软件，还是黑客开发的电脑病毒、木马，它们是否能在你的电脑里运行和肆虐，最终还是取决于你自己。因为电脑是你的实体物质财产，在上面到底安装什么软件，可以也应该是由你自己完全掌控的。如果你自己控制不了，可以通过签订协议购买专家的服务，委托他人帮助自己管理。用户不能以自己不懂电脑知识为理由，而将这一责任推诿到其他人身上。

12.2 自由软件真的自由吗?

自由软件是允许任何人自由使用、自由复制、自由获取源代码、自由修改和继续自由发布的一类软件，它与非自由软件相对立。非自由软件通常被称为专业软件、私有软件、封闭软件或商业软件。软件是否自由与其是否收费无关，因为自由软件也可能是收费的。

根据自由软件运动的代表人物理查德·斯托曼和自由软件基金会（Free Software Fundation，简称 FSF）的定义，自由软件的用户拥有以下四种自由：[4]

自由之零：不论目的为何，有使用该软件的自由。

自由之一：有研究该软件如何运作的自由，并且得以修改该软件来符合用户自身的需求。获取该软件之源码为达成此目的之前提。

自由之二:有重新散布该软件的自由,所以每个人都可以借由散布自由软件来敦亲睦邻。

自由之三:有改善再利用该软件的自由,并且可以发表修订后的版本供公众使用,如此一来,整个社区都可以受惠。如前项,获取该软件之源码为达成此目的之前提。

根据上述定义,如果一款软件的用户具有上述四种权利,则该软件得以被称为"自由软件"。也就是说,用户必须能够自由地、以不收费或是收取合理的分发费用的方式、在任何时间再分发该软件的原版或是改写版,在任何地方给任何人使用。如果用户不必征求任何人许可,也不需支付任何的许可费用即能从事这些行为,就表示她或他拥有自由软件所赋予的自由权利。自由软件的具体操作形式是许可证体系。许可证可以被看作是具有法律约束力的一种格式合同,由软件作者与用户签订,用以规定和限制软件用户使用软件(或其源代码)的权利,以及作者应尽的义务。

理查德·斯托曼发起自由软件运动的初衷源于其自身的经历,在他的传记 *Free as in Freedom* 中,作者对自己追求软件自由的契机作了详细介绍。[5]

斯托曼是在计算机发展的早期阶段——20 世纪 70 年代成为电脑程序员的。他 27 岁时在麻省理工学院的人工智能实验室工作。当时,实验室里的程序员们都习惯于接受施乐公司捐赠的激光打印机及其控制软件。最开始,随机器一起送来的打印机控制软件是附带源程序代码的,这样斯托曼和其他实验室工作人员可以随时修改程序并编译运行,以便利工作的需要。后来,施乐公司在捐赠设备的时候,不再同时提供控制程序的源代码,而只提供软件的可运行版本,这让斯托曼感到困惑和恼怒。之后在有机会到卡内基·梅隆大学的人工智能实验室时,斯托曼当面向施乐公司的开发者索取源代码,令他感到意外的是,这个要求被拒绝了(因为对方与施乐公司签署了保密协议,不能向其他人传播源代码)。斯托曼从此开始严肃地思考软件源代码自由传播的问题。其后,他发起了自由软件基金会,该基金会支持的自由软件运动主张软件中蕴含的知识是社会的共有财产,应该允许分享源代码,把软件置于公有域,让人自由使用、修改、复制和再分发。目前，虽然封闭源代码、限制严格的商业软件已成为业界主流，并在全世界蓬勃发展，但是也有不少程序员同时在支持自由软件运动。

自由软件运动的实质是试图让承载人类知识成就的软件“公有化”，即开放源代码、允许自由使用、修改和发布，以对抗商业软件开发公司强大的软件“私有化”势力。但从数据自由的角度看，这种主张的基础根本不存在——因为软件压根就不是实体财产，它不是具有排他性的物质实体对象，而是物质的排列状态，是非排他的、非独占的虚拟的比特数据。就软件本身来说，因为它不能被界定为财产，所以没有什么相关人员的相关权利，既无所谓“私有化”，也无所谓“公有化”。

由于错误地把实体世界的物质财产概念挪用到虚拟世界的比特数据上，自由软件运动追求的目标成为海市蜃楼。现实中，自由软件运动经过几十年的发展也未见起色，这一错误认识可能是其背后的根源。不仅如此，这一理念还有潜藏的危险倾向，将实体世界的财产权概念错误地引入虚拟世界，有可能把自由软件运动导向自由的反面。在一次接受采访时，理查德·斯托曼曾打过一个比方，他谴责苹果公司的创始人史蒂夫·乔布斯弄懂了如何把电脑打造成数字监狱，并让它们光彩动人，使人们自愿“入狱”。他说“乔布斯给我们造成了永久性的伤害；直到现在，我们依然在竭力消除这种伤害。”他还表示，苹果设备的“越狱(jailbreak)”是完全合情、合理、合法的，甚至“应该立法禁止生产封闭设备”。用户对属于自己财产的苹果手机作“越狱”修改当然毫无问题，但要运用垄断强制力立法禁止生产封闭设备又是从何说起呢？作为一名自由理念的倡导者，斯托曼没有认识到，生产封闭设备是企业的自由，购买封闭设备也是消费者的自由，这两种不同取向的行为没有侵犯任何人的人身和实体财产。从高尚的自由软件道德出发，发展到运用暴力强制禁止这些活动，强迫别人“自由”，很显然这是不正当的。[6]

我们是否应该允许“自由”的软件在经过修改之后，再次发布的时候变得不那么“自由”，成为封闭源代码的、收费的、加密的商业软件？这一点在自由软件阵营内部其实也存在争议(当然，依据数据自由原则，我们认为不该强制禁止自主的软件源代码封闭)。自由软件的许可证类型主要有 GPL 许可证和 BSD 许可证两种。其中 GPL 许可证(主要是其第二版 GPL v2)严格要求后续修改和派生版本的软件必须一样是自由软件，而 BSD 则允许后续版本既可以选择继续采用 BSD 许可证，也可以采用其他许可证，甚至可以是封闭软件等。这也是现实中大量软件开发者倾向于选择较宽松的 BSD 许可证或开源软件许可证 Apache 等的原因。

12.3　为什么我不能完全控制自己的手机?

虚拟世界和实体世界之间是有明确边界的，有意模糊这一边界，打着保护所谓的“知识产权”的旗号挥舞暴力大棒，常常会导致真正的对私人实体财产的主动侵犯。美国国会图书馆的手机解锁禁令，就是一个典型的恶性案例。

很多美国人竟然无法自由处置自己的手机，这让世界上其他地方的人难以想象。手机用户在与其之前的移动通讯服务商签署的合约到期之后，如果想用自己的手机使用其他服务商的移动通讯网络，就需要下载软件为手机解锁，但根据美国联邦法的规定，这种做法是违法的。如果用户改变自己手机的系统设置，将面临 50 万美元罚款及(或)五年有期徒刑！许多美国人甘冒受罚的风险坚持解锁——其中有些人是为了摆脱移动通讯服务商在手机里预装的讨厌程序，另一些人是需要在商务和私人旅行到国外时，在当地网络中使用解锁后的手机。[7]

为什么在号称自由的美国会出现如此荒谬的现象呢？因为美国国会图书馆负责为立法机构解读版权相关事宜，决定是否给予、更新和撤销各类群体享有的特殊版权豁免(例如科研人员、教师、艺术家、音乐家、档案保管员和残疾人这些群体)。2006 年，美国国会图书馆裁定当时的手机版权是不适当的，所以针对特定法律条文给予用户豁免。2012 年，手机制造商开始在市场上向公众销售一次性购买的、价格较高的解锁手机，这些产品无须特殊豁免。但国会图书馆就此得出结论：用户已获得充分服务，因为每个人已经能在有锁手机和无锁手机之间作出选择。2012 年 10 月，美国国会图书馆版权办公室规定，用户对自己的手机进行解锁是非法的。从 2013 年 1 月 26 日开始，用户不得解锁自己的手机。自那时起，使用合约手机的美国人更改手机系统设置再次成了违法行为。

美国有很多用户购买的是合约机，多数合约机被锁定，保证了用户只能使用出售该手机的运营商的通讯网络。新的规定声明用户解锁自己的手机，转用其他通讯网络运营商的服务是非法的。甚至在手机购买的合约到期之后，用户也无权解锁手机，只有运营商才有权为用户解锁。留给用户的其他选择，只有在一开始就购买未锁定的手机。

美国版权管理机构这种把手伸向个人私有财产的荒谬规定当然会招致公众的反对。2013 年，网络公司 OpenSignal 的联合创始人西纳・凯法（Sina Khaifar）为此在白宫网站上发起“我们人民”请愿活动，要求政府对这条法律进行修改。很多人积极响应，这次运动收集到了 114,000 个签名。这立刻引起了美国政府的注意，行政官员提醒立法者采取行动，美国的议员也的确这样做了。7 月 25 日，美国国会通过法案规定在不造成后果的情况下，为手机解锁是合法的。几天后，美国总统奥巴马签署了《解锁消费者选择与无线竞争法案》，使其成为法律。从表面上看，这是手机用户重夺自己实体财产使用权的一次胜利，但这一状况仍然受到威胁。美国人现在可以对手机进行解锁、修理和更改，但这种自由在 2015 年可能被撤销。因为国会图书馆的释法每三年审核一次，下次将在 2015 年。国会图书馆仍然有可能会撤销上述法律所赋予的豁免。

这种乱成一锅粥般的现象的根源实际上是美国的版权保护制度。20 世纪 90 年代，初生的互联网带来了 MP3 等音频数据格式和 Napster 这样的文件共享网站的普及，越来越多的音乐作品被复制到网络上自由传播，唱片公司因此遭遇了重大挫折。好莱坞影城担心步其后尘，于是集结力量去游说国会阻止人们复制和传播他们的电影。在数字鸿沟的另一边，网络服务运营商和网络公司也面临着媒体内容发行商的威胁，每当有用户使用他们的通讯服务去共享音乐作品或影视作品时，他们就会遭到起诉。

游说导致了强化特权保障的结果。1998 年美国国会通过了《数字千年版权法案》。为了保护网络产业免遭诉讼，该法案包含的“避难所”条款规定一旦内容发行商（电影制片厂和唱片公司）提出要求，网上出现的所有拥有版权的资料必须立刻下架。如果网络公司立即执行，就可免于被起诉。

为了让媒体内容发行商满意，该法案甚至还规定（第 1201 款）：对于受到该法案保护的作品，任何人规避能够有效控制这些作品被获取的技术措施都属违法行为。换句话说，为了规避能加密 DVD 光盘和其他数字媒介的“数字版权管理”技术，人们的任何更改、修理或制造工具行为都是违法的。

《数字千年版权法案》更邪恶的地方在于为其宣称的“规避”作出的定义覆盖面极为广泛，无论是汽车、洗衣机还是联合收割机，它适用于一切装有数字控制器的设备，哪怕其中根本不涉及版权侵犯问题。该法案原本没有针对手机，但由于它能将消费者锁定在特定的网络上，因此深受无线运营商的欢迎。为用户手机解锁提供帮助的网站，常常收到基于该法案的警告，要求他们立即停止这一做法，否则将遭到起诉甚至被强行关闭网站。

本来，智能手机是实体世界中的物质产品，在某一时刻它的财产权属于谁所有，应该非常清楚。制造完成的手机在运出工厂之前，是产品生产商的财产；定制的手机由生产厂商交付给通讯网络运营商之后，智能手机就是通讯网络运营商的财产；用户在运营商开设的连锁营业厅购买了手机之后，手机就是用户个人的财产，用户自然可以全权处置。但如今，由于觊觎他人利益者的蓄意歪曲，用户使用自己手机的具体方式居然也要受到暴力干涉，智能手机的财产所有权竟然成了一个问题。

美国的荒唐法规开了一个危险的先例，它本质上是判定用户以合约购买的财产不属于个人所有，因此无权任意处置。用户以合约形式从通讯网络运营商处购买手机，确实在一开始只需要支付很少的首付，但契约中规定，用户要在未来的一段时间内（通常为一年或两年），每月使用手机消费一定的额度，如果用户在期间终止使用该运营商的网络，只需要向运营商支付一定数额的罚款。这实际上是一种与手机消费捆绑的金融服务，相当于用户支付了首付款以后，还要通过两年中每月的消费分期付款支付其余的金额。它和贷款购买住房本来是一回事，用户对提供预交款金融服务的企业的债务义务，并不能改变个人已经拥有手机或住房的完全产权这一事实。难道我已经用贷款买下的房子，还要银行同意才能装修和更换水管吗？

这么显而易见的物质财产归属问题，在此时被推到风口浪尖，其根本原因就在于智能手机已经在数据化进程中占据了重要地位。因为智能手机具有强大的数据通讯、数据计算和数据存储能力，手机的硬件设备中包含的TPM（Trusted Platform Module）芯片，让通讯企业拥有通过网络访问控制手机的权限。即使手机在用户手中，企业也想千方百计地控制它，想要决定用户如何使用这一产品，以便为自己谋取更大的利益。数据化变革进程中，未来数据权益的争夺在智能手机上将变得更加明显。因为智能手机是集数据计算、数据存储和数据通讯于一身的移动设备，代表了一个蒸蒸日上的朝阳产业，也是未来大量科技应用创新与商业模式创新的一个重要枢纽。

12.4 公平还是平等？

信息技术革命的观察者敏锐地注意到，数字化、数据化增强了人的信息能力，但这种增强对众人来说并不是均等的，并不是每一个人拥有了电脑、拥有了智能手机，就能善用其中蕴含的强悍数据计算力、数据通讯力和数据存储力。要发挥这些外化于新科技产品中的、来自企业程序员、设计师和产品经理等的优秀智能，用户也需要运用自己的相应智能。现实是，不同用户的知识水平、信息应用能力存在显著差异，这自然地形成了所谓的“数字鸿沟”，即有些人能充分利用自己的外脑，在实体世界的稀缺资源竞争中胜出，而另一些人则不能。虚拟世界的数据力强弱，在很大程度上决定着实体世界资源获取能力差异。听起来这一理论上的断言比较抽象，但令很多人未曾想到的是，数据化引发的矛盾会在春运购买火车票这样的具体事件上集中爆发。

2013 年 1 月中旬，一年一度的中国春运拉开帷幕。期盼利用春节假期回家探亲的人们开始集中购买火车票。与往年不同的是，利用铁道部的 12306 网站进行网上购票的人更多了，这也催生了网络浏览器的抢票插件市场。在多个国内互联网企业推出的免费网络浏览器中，都提供了针对 12306 网站的火车票抢票插件。[8]

抢票插件免去了用户反复登录、刷新之苦。软件会记录用户购票需求等信息，自动在特定时点向服务器密集发出购票请求，并按特定的时间间隔刷新查询网站新放出的车票资源，用户只需要轻松等待刷票的结果，不必精神高度紧张地彻夜守在电脑屏幕前。

抢票插件让稀缺资源的天平向善于使用信息化、数据化工具的人倾斜。用电脑、智能手机抢票的人买到春运火车票的机会大大增加，而不使用这些“先进”购票平台的人，仍然坚持传统的去车站、售票点排队买票和打电话订票方式的人，买到合适车票的机会必然减小。毕竟，春运期间的火车票总体数量不可能比平时大幅度增加，因为任何国家的火车客运系统都不能为完全满足春运这样的峰值需求而设计，仅为了这几天的运输需要而建设铁路将造成平时运力的极大浪费。

这一新的现象在微博等社交平台上引发了剧烈的争议。一部分人坚决反对抢票插件，认为如此运用信息技术将导致野蛮丛林式的恶性争夺，结果是让穷人、让信息科技应用方面的弱势群体境遇变差，因此是不公平的。为道德情怀所激励的公共知识分子们呼吁加强监管，打击无良的互联网企业，严厉禁止浏览器抢票插件。如其所愿，据中国之声央广夜新闻报道，工信部于 2013 年 1 月 18 日下达通知，要求多家国内互联网浏览器开发企业关闭抢票插件。其给出的理由除了抢票插件导致 12306 网站负担过重之外，更强调了抢票插件的使用导致的不公平。

随着时间迫近春运高峰，是否可以使用浏览器插件自动抢票的争议在互联网上掀起了越来越大的波澜，互联网企业顶住压力继续推广免费浏览器，并为应对 12306 网站的反制措施不断改进完善软件。多位著名的互联网专家也发表意见表示支持抢票插件。来自人民大学的互联网研究者胡延平说：

> 浏览器抢票功能不仅合理合法，而且为用户提供了方便，购票次序遵循排队规则，验证仍需手工输入，系统无票买不到票，更不可能把别人的票抢过来。

这一态度明确的表述说中了要害。这类软件购票的机制，可以被看作每次新票放出立刻重新排队，而使用了插件的人因为有先进一些的交通工具，可以跑得更快，排队排到前面。抢票插件的名称中虽然有一个“抢”字，但是在其使用过程中根本不会牵扯到我们日常意义上实体财产的暴力抢夺——这里既没有出现从 12306 网站抢劫，也没有从车站窗口排队买到票的弱势群体手中抢劫的现象。购票规程是完全按照 12306 网站所设定的原则在进行，软件的购票优势来源于互联网企业开发人员投入其中的优秀智能，这些优秀智能完全免费提供给愿意投入自己智能使用它的用户。而且，用户通过软件购得的车票，是付出了对等票价货款以后获得的，并不是从别人手中抢下的。在付款和购票交易发生之前，车票并不必然属于还在排队的任何人，无论排队是发生在车站购票大厅、还是在网上服务器的缓存队列中。

从数据自由的视角观察，主张禁用抢票插件就是要强行限制和削弱新技术环境中个人和企业的数据计算力与数据通讯力。公共知识分子普遍通过现代大众传媒，使用微博、微信这样的新型信息科技产品，在上面发表反科技应用的主张，这本身就有很强的反讽意味。从表面上看，这是要限制科技成果的充分应用——实质上这是阻碍科技进步，阻碍企业在市场中自发的创新，甚至是阻碍社会文明的进程，当然还是打着保障“公平道德”的旗号。

这种所谓“为了公平道德”而禁止新科技应用的说辞根本不值一驳。有人能开私家车从 A 地到 B 地，同样道路没钱的穷人步行会走到把脚磨破。既然开车的人占据了大部分道路，怎么不会有人因为同情心泛滥要求强行禁止汽车厂生产私家车，而强迫所有人都步行呢？科技创新成果的应用必然会首先带来一部分人的改善，从而导致所谓的不平等。所以为了表面上结果的公平，完全有理由阻止所有的科技创新——这类限制行为的荒谬之处显而易见。

按照反对抢票插件的公知们的逻辑，不光要禁止所有的电脑购票软件，还要继续禁止所有手机的生产、销售和使用，因为手机用户可以随时随地打电话抢票，这对没有手机的可怜的广大穷人是不公平的，是极不道德的！为捍卫公平道德，绝不能允许任何手机的存在。不但如此，还要禁止所有电话座机，因为大部分电话座机上都有 R 自动快速重拨键，毫无疑问这是电话抢票的利器。这不但对使用无自动重拨按键的老式电话机的穷人们不公平，更是会严重伤害甚至连座机电话都没有的、只能到火车站买票的社会最底层民众。

熟练使用电脑，善于利用最新软件工具改善自己工作生活条件的人，必然会暂时在资源竞争中获得优势，文明进步、科技发展使利益格局发生巨变，是人类社会发展过程中屡见不鲜的正常现象。社会参差多态，在并未主动侵犯任何人的人身和实体财产的条件下，稀缺资源的竞争与取得方式，会因先天禀赋和后天努力自然形成强势和弱势并不断动态变化。公共知识分子们所希望采用暴力强制实施的那一套，明显是反人类文明的野蛮举措，其所梦想的，显然是要最终回归表面上平等而又“美好”的、整齐划一的，实际上却是僵化落后、静态停滞的原始人社会。

第 13 章 数据存储的自由

记录在电脑硬盘上的数据文件是一系列虚拟的状态,它们不像你房间里的家具,也不像你柜子里的衣服,后两者都是实体的存在,可以与比特数据作类比的,只是你房间中家具的摆放形式,或是你衣柜中衣物的叠放方式。实体的物质对象可被明确界定为私有财产,虚拟的数据对象则根本不应被认定为财产。

实体的物质对象是独占的、排他的,而虚拟的数据则是非排他的,比特数据更接近每个人头脑内的概念、想法等。如果把电子存储器看作人脑记忆体的延伸,那么数据文件(包括电脑程序)就可以看作人的思维、人的智能的外化。没有人可以因为单纯停留在大脑里的不良想法(未付诸造成实体影响的行动)而被治罪,也不应有人因为在电脑硬盘上保存了所谓"盗版"的资料而受到法律制裁——这就是数据存储的自由。

一种错误的认识是,有的人把企业保存的商业秘密当成了私有财产。持有此类观点的一位著名人物是哲学家、作家安·兰德,她在自己的小说《阿特拉斯耸耸肩》里,[9]就有关于政府强迫企业公开商业秘密的描写。有些经济学家在讨论反垄断法实践的时候,[10]也认为政府这是在侵犯企业的私有产权,他们没有认识到,这种强迫企业执行解密命令的行为,实际上只是单纯地侵犯了企业的实体财产权,因为它取消了企业不受限制地使用自身财产的自由。

13.1 电子书不是私有财产

人们把电子书看作"数字化"的纸质书籍。一方面,多数作者和出版社都宣称对其电子书拥有数字"权利",他们认为电子书和每个人家中的电器、家具、衣物等一样,都是私有财产,必须立法严格保护,而读者之间相互复制的行为是赤裸裸的盗窃和抢劫;另一方面,主张知识共享的人则认为"数字财产"应该是公有的，因为所有知识产品都不是原创，而是在前人分享、公开的文本的基础上，增加了后人的少量创作内容，所以应该释放到公有领域，供每个人自由获取。公有制的爱好者们也认为其中存在“权利”，但他们从读者的角度出发，主张每个人都有自由“阅读的权利”。

“数字财产”公有化理念的倡导者理查德·斯托曼发表过一篇著名的科幻小说，其名字就叫做《阅读的权利》。[11]小说中设想了一个电子书版权保护极端严苛的未来社会，每个人都只能在自己的电脑上阅读自己购买的电子书，而且所有的阅读行为都受到严密监控，以防止读者互相借阅导致版权所有者利益的损失。作者设想了在那样恶劣的环境中，两个相爱的大学生在互相借书阅读时面临的巨大压力：

对 Dan Halbert 来说，通往 Tycho 的道路是从大学——当 Lissa Lenz 问他借他的计算机的时候——开始的。她的计算机坏了，并且除非她另外借一台，否则她无法完成她的中期计划。除了 Dan，她不敢问别人借。

Dan 进退两难。他必须帮助她，但是如果他把计算机借给她，她就有可能读他存放在计算机里的书。如果你让别人读你的书，那么你可能就会被投入监狱服刑多年。除此之外，和其他人一样，Dan 读小学的时候就开始懂得，和别人分享书籍是可耻和错误的，只有盗版者才会那么做。

作者预想，知识产权的私有制继续发展下去，必然是上面这样一幅白色恐怖的景象。因此未来的人们必定会起来反抗这一制度。

除了谴责数字版权的私有化，警告人们未来“数字产权”保护会走多远以外，这个故事也反映了理查德·斯托曼并未真正理解电子书是怎么回事。

小说中，作者以计算机这种实体财产排他的使用权的转移来说明版权不正当问题。了解产权问题的读者会发现，这完全是南辕北辙。Dan 把计算机这一具有独占性的实体财产借给 Lissa，自己就暂时放弃了计算机的使用权，因为实体财产具有排他性，同一时间只能让一个人使用。但事实上，我们所熟悉的电子书是数字比特的排列组合，是以文本为主的数据文件，这些排列状态可以被轻易复制。所有电子书副本的存在和使用，根本不影响最初那版电子书的存在和使用，因此作为数据对象的电子书是非独占的，具有非排他的根本属性。电子书版权问题的核心在于电子书根本不是实体的物质财产,所以压根就不存在相关的权利。只有实体世界的物质对象才存在相关的产权,以及由产权所派生的独占的使用权。

很显然,我们日常生活中司空见惯的读者之间电子书的复制和分享,压根儿就不是什么实体产权的转移。首先,必然有一个读者通过正常途径获得一份电子书的副本(这时,正式发行这一电子书的出版机构及原作者手上的数字原本仍在,他们没有任何实体财产的损失)。当第一个读者私下把自己的电子书拷贝给其他读者时,他们之间也没有任何实体财产权的转移。发生改变的,只是接受电子书副本的读者的磁盘中一组磁单元的状态。而实体的磁盘毫无疑问仍是读者各自的私有财产。

针对这一问题,知识产权体系的反对者提出一个比《阅读的权利》更准确的类比。[12]所谓的电子书"盗版者"只是为其他人提供一种抄书服务。其他人携带纸张和笔墨到拥有原书籍的"盗版者"那里,由他自己使用其带来的笔墨、纸张抄写出书的一个副本。当人们离开时,自己拥有的实体财产(纸张和笔墨)既没有增加,也没有减少,"盗版者"也是一样。这里根本不存在什么财产权利问题,只存在抄书是否准确、抄书速度是否够快的能力问题。

如果我们基于数据化的智能外化理论将上述类比作进一步推演,可以得到如下的新类比。书的读者互相根本不用见面,拥有书籍原本的人把手上的书高高举在空中,一页一页迅速翻动。其他人都有超强的视力,能远远地看清书上的每一个字。他们也同时具有快速、精确的抄写能力,可以迅速地把一本书上的所有文字完整地抄写下来。

这个类比准确地折射出了我们面临的现实。购买了电脑或智能手机等设备、安装了合适的软件并懂得简单使用方法的人,利用自己享有产权的实体财产复制保存一部电子书的时候,就是充分运用了外化于电子设备中的智能,自己在高效率地抄书。这些"千里眼"般的能力是数据化带给每个人的,是本书中一直讨论的数据计算力、数据通讯力和数据存储力的具体运用。

13.2 数字音乐也不是私有财产

数字音乐和电子书、网络视频等一样,都不是财产,它们是比特数据的集合，是物质的抽象状态，不适用实体产权的概念。理解和尊重这一认识，并不妨碍内容创作者在今天信息科技极端发达的环境中获取收益。相反，还会有助于营造创作者与传播者、欣赏者共赢共生的局面，并从根本上支持更广泛意义的创新。

2007 年 10 月 10 日，著名的英国乐队组合 Radiohead（电台司令）采取了一项具有里程碑意义的行动。当天，他们在网站上直接推出了自己新创作的音乐专辑 *In Rainbows*，供听众们自由下载，所有下载者都可以自行决定支付多少费用，如果不想支付，也可以免费获得音乐的副本。网络市场调查公司 ComScore 针对这一活动做了精确的统计。他们发现，将近 100 万人次在一个月中下载了该专辑，其中 6 成以上听众没有支付费用。另外还有几百万人没有从官方网站直接下载该专辑，而是通过点对点文件存储分享软件等从网络上获得了这一音乐专辑的免费副本。[13]

尽管人们都可以不支付费用就能获得想听的音乐，但 ComScore 从统计数据中却发现，下载 *In Rainbows* 的人当中仍然有大约 38% 选择了支付费用。ComScore 估计该乐队从每次下载中可以收入 2.26 美元，与这个价格相对应，供网上下载的乐曲并不是音质最佳的版本。采用这种传播和发行方式，乐队不需要向唱片公司支付任何费用，而且他们通过开放的网络平台扩大了乐队的影响。几个月后，当其传统 CD 形式的音乐专辑正式发行时，乐迷们仍然踊跃购买音质更好的光盘。在短时间内，这一音乐专辑被推到了美国和英国音乐排行榜的首位，而且在美国连续 42 周榜上有名，这创造了“电台司令”所有音乐专辑的最高销售纪录。根据唱片公司统计，到 2008 年 10 月，*In Rainbows* 一共销售了 300 万套，其中包括 10 万套零售价为 40 美元的特别精装版。这一销量超过了其此前的两张专辑 *Hail to the Thief* 和 *Amnesiac*。基于专辑发行的市场反应，该乐队随后举行的巡回演出更是轰动一时，盛况空前。

这一案例和其他大量事实都清楚地证明，乐迷免费获取数字音乐的副本，并不意味着原创者、出版发行机构就无法获得收益。采用开放的态度，不去设法严格限制音乐爱好者之间的相互分享，有可能让原创者得到比原来更大的回报。

由于思维的僵化，传统的音乐发行机构把乐迷之间的数字音乐分享当作死敌。他们诉诸大量法律手段,采用直接侵犯音乐分享者的人身和实体财产的方式,试图遏制音乐爱好者们共享音乐的行为。这种螳臂当车的举动,在如今发达的信息科技环境中很明显是徒劳的,从财产权的角度看也是不正当的。从2004 年到 2009 年,经过了 5 年大约 3.5 万桩诉讼,美国唱片业协会停止了把分享数字音乐文件的人成批告上法庭的做法。2009 年初,苹果公司的首席执行官史蒂夫・乔布斯与唱片公司达成协议,把软件中的数字版权管理加密限制(Digital Rights Management ,简称 DRM)从苹果公司的 iTunes 音乐网站上销售的歌曲中去掉,让用户购买下载某首音乐之后,可以在自己的任何设备上欣赏,而不用被限制为只能在下载音乐的那台机器上收听。[14]

音乐版权、著作权制度的维护者总强调原创者的劳动理应获得回报。在一些人眼里,劳动的付出就意味着产权的生成,无论得到的是有形的产品还是无形的艺术作品。他们没有想到的是,劳动并不意味着必然获得相应回报,如果生产的产品不是消费者想要购买的,劳动者赔钱亏损的可能性就很大——每天有多少开设工厂、开办餐馆的企业主以倒闭破产收场?不仅如此,所有真正的罪犯、包括希特勒这样的战争狂人都会辛勤工作,他们付出大量劳动,生成了任何产权、创造了任何价值吗?他们的行为难道不是对产权的严重破坏吗?劳动及一切人类实践,包括本书中讨论的人的智能外化本身并不包含价值取向,人在这些活动中既有可能做好事,也有可能做坏事,当然也可能丝毫不创造价值。经过人类社会漫长的探索和思考,我们已经能够确认,产权的来源不是劳动,而应该是人对无主的有形实物的先占,或者是交易双方基于自愿契约的商品、服务交换。这一解释反映了我们对客观社会规律的认识,是经济学以及其他主要社会科学的基础。

知识产权的拥趸也对盗版者挣钱义愤填膺。他们反驳说,是盗版者主动获取原创者的音乐作品等艺术创作成果,他们利用现代信息科技轻松复制大量副本,不费吹灰之力疯狂地以低价销售盗版制品,获得与其付出不相称的暴利。与之形成鲜明对照的是,创作者含辛茹苦、殚精竭虑制作的音乐,以正常价格只能售出有限数量的 CD 光盘,无法让有创意的人获得与其作品受欢迎程度相一致的回报,盗版者每低价销售一张盗版光盘,就是从原创者手中偷窃、抢劫了一张正版光盘对应的财产。

诚然，盗版者的行为可恶，但由于其并未闯入创作者的家里或录音棚偷窃光盘的母版，而只是购买了一张正版音乐 CD 之后，在自己购置的空白光盘上复制与之相同的物质排列状态，这些排列状态是抽象的、非排他的虚拟对象，因此不涉及对任何人产权的侵犯，不应借助法律对其实施暴力报复。毕竟，盗版音乐光盘购买者们口袋里的钱，并不是原创者的私有财产，不能宣称如果没有盗版，购买者必然会向原创者付费，用盗版光盘的数量乘以正版光盘的市价来计算财产损失的方法非常幼稚可笑。因为即使没有盗版光盘，大多数盗版购买者也很可能不会选择价格较高的正版光盘。原创者真正该做的，不应是天天带领着版权执法人员，到百度、谷歌和苹果公司等提供自由数据分发平台的企业兴师问罪，而是冷静地检讨自己的音乐市场策略，利用数据化提供的强大工具打造创新的商业模式。

盗版者的行为违背了社会当前的道德准则（将其上升到法律范畴是寻求过度报复），原创者可以对其发起舆论谴责，在自己私有财产的范围内实施同态报复，或者联合其他社会力量共同抵制，诉诸法律是最不可取的行动。随着互联网社会在数据化的推动下逐渐发展成熟，我们身边出现了“罗辑思维”未获作者同意盲目转载、修改文章，错误署名发表的事件，以及“锤子手机”应用市场未经开发者同意提供应用下载的案例。在这些风波中，当事人和企业相互密切沟通，自发地做出了理性的应对，其间并无法律强制力的介入，最终事件得到了良好的处置。它们为今后的类似冲突提供了近乎完美的参照案例。

13.3 科研论文也不是私有财产

2013 年，艾伦·施瓦茨的自杀在全球科技界引发了巨大的震动。年轻的施瓦茨的离世，可以说是社会中错误“数字财产权”概念的运用导致的一个悲剧。

艾伦·施瓦茨（Aaron Hillel Swartz，也译为亚伦·施沃茨）出生于 1986 年 11 月，是美国一位著名的软件工程师、作家和互联网活动家，他被业界誉为计算机少年天才。2013 年 1 月 11 日，他被发现在纽约市布鲁克林区的公寓中上吊身亡。施瓦茨曾私自在麻省理工学院大规模下载学术论文，被美国联邦政府和麻省理工学院捕获并被严厉追究刑事责任，他的自杀被认为是由于这一诉讼带来的巨大压力造成的。

在施瓦茨去世后，纪录片《互联网之子》（*The Internet's Own Boy*）对其生平和主张做了比较详尽的介绍。[15]纪录片的开头引用了美国哲学家梭罗的一段话："世有不公之法，我们是要安于循守，还是且改且守，待其功成，或是即刻起而破之？"过去二十年间互联网快速兴起，层出不穷的新现象及其导致的矛盾冲突，在全球引发了一波激进而又野蛮的互联网立法浪潮。我们不仅仅要面对破除不公之旧法的问题，还需要迎接设立不公之新法的挑战。

由于家庭环境的影响，施瓦茨很小就开始接触电脑，并对互联网产生了兴趣。13岁时，施瓦茨参加ArsDigita Prize比赛并获得了第1名。14岁时，施瓦茨加入编写早期版本的互联网内容聚合标准（Really Simple Syndication，简称RSS）的工作组。其后，他加入了万维网联盟的资源描述框架工作组（W3C），并撰写了RFC以定义RDF及XML的互联网媒体类型。此外，施瓦茨还参与了Markdown文件格式、CC创作分享协议（Creative Common，简称CC）、web.py网站框架、Reddit社会化新闻网站的工作。在他自己创办的Infogami网站与Reddit网站于2005年合并之后，施瓦茨成为其中的一位合伙人 。

作为一名积极的互联网活动家，施瓦茨协助创办了渐进社会变革活动委员会，并创办了因反对SOAP而知名的"要求进步"（Demand Progress）组织。施瓦茨积极参与阻止《禁止网络盗版法案》（SOPA）和《保护知识产权法案》（PIPA）在美国国会通过的运动，这些法案赋予美国政府强大的权力来监控互联网上的所谓侵权行为，使政府更容易以侵犯版权为理由关闭被控告的网站。在民众的努力下，法案失去了多数美国国会议员的支持，提案议员最终撤回了法案。

施瓦茨主张法院的电子文档记录不应被封闭、私有化和收取费用，应该让公众自由地免费获取，因为政府的文件不受版权保护。其所针对的对象主要是美国联邦法院文件的"公共使用法院电子记录数据库（Public Access to Court Electronic Records，简称PACER）"，因为用户在其官方网站上下载每页的PACER数据需要向其支付8美分的费用。根据《纽约时报》报道，其收费是为法院的技术投入提供资金，但从法庭报告来看，实际上整个系统有约1.5亿美元的盈余。2008年9月4日至20日，施瓦茨利用公共图书馆里的电脑等通讯途径，访问了PACER网站中约1800万份文件，并将19856160页数据上传到一个云计算服务器用以免费分享。其下载和发布的电子文档约占 PACER 总文件量的 20%。

基于同样的理由，施瓦茨也主张科研论文等数据文件应该在互联网上自由流动。2010~2011 年，施瓦茨在哈佛大学的爱德蒙·J.萨夫拉伦理研究中心担任研究员。当时他发现，学术期刊网站 JSTOR 上的科研文章只对学生和研究人员提供有限的下载和阅读。2010 年底至 2011 年初，施瓦茨开始从 JSTOR 下载科研论文，因为他认为有必要将这些学术文件上传到 P2P 文件共享网站，把这些封闭的知识分享给印度等不发达国家的人，让大家可以自由免费获取信息。他在校园里集中下载论文的活动多次被麻省理工学院的网络管理人员发现，并在网络设置中加以阻止。之后，施瓦茨发现校园中一座建筑的地下室里有网络配线柜，他私下潜入机房并持续下载文件。后来据 JSTOR 称，在此过程中，施瓦茨下载了“约 400 万篇文章、书评及来自合作伙伴学术杂志和其他出版刊物的内容”。施瓦茨的网络活动导致了一些 JSTOR 的服务器崩溃。校方发现了施瓦茨的活动并联络联邦执法人员在地下室机房架设了摄像监控器材，录下了施瓦茨非法闯入和联网下载的证据。2011 年 7 月，施瓦茨在波士顿被捕，最后他被控以通信诈骗、电脑诈骗及从受保护的电脑非法获取数据等 13 项罪名。据起诉书称，施瓦茨暗中连接笔记本电脑到麻省理工学院的网络，使他能“快速下载大量 JSTOR 的文章。”

这一案件带来的法律压力被认为导致了施瓦茨最后的自杀。因为被控的罪名，施瓦茨面临百万美元罚款和最高 35 年的徒刑。在施瓦茨被逮捕后的多方法律交涉过程中，JSTOR 发出声明表示将不会以民事诉讼控告他。但美国联邦检察官和麻省理工学院未能与施瓦茨达成妥协。施瓦茨长期患有忧郁症，他在 2013 年 1 月 11 日的自杀让很多人感到惋惜和悲痛。有人在白宫网站上发起相关的请愿书，该请愿书在 3 天内就已经获得 27000 个签名，超越了白宫规定的 25000 个签名的回复门槛。在施瓦茨自杀后的周一，美国政府检察部门放弃了所有对他的指控，并对此案不予置评。

就施瓦茨私自下载学术文件并向公众分享的举动来说，我们基于数据自由原则认为他不应受到法律的强制。但从另一角度观察，这一案件中还涉及施瓦茨私自闯入麻省理工学院地下室机房的行为，这种行为确定无疑直接侵犯了他人的财产。单就这一行为来说，他应该承担相应的法律责任。

除了未经允许闯入机房这个侵权行为之外，施瓦茨所致力的数据解放、数据自由活动是值得钦佩的。目前，把科研论文等人类知识经验、智慧智能的载体贸然认定为私有财产还是社会的主流，这种界定是从物质实体财产的产权派生出来的。出于对人的智慧成就及其带来的个人与社会改善的敬仰，人们忽视了具有稀缺、排他性本质的实体财产，与具有非稀缺、非排他性本质的虚拟对象的区别，轻率地接受了虚拟对象与实体对象具有同等地位的观念。在安·兰德的论述中，虚拟抽象的知识、智慧的地位甚至超越了实体财产，在重要性排序上比后者更为优先，这与其主张的客观价值论是一致的。

很多人之所以主张用暴力强制去保护封闭的科研论文传播环境，是因为他们相信，如果没有销售论文期刊获得的金钱回报，研究者就会丧失探索知识的动力，整个社会最前沿创新研发的基础就会崩塌。他们预言，如果没有严厉的知识产权法律保障体系，每个人都必然不会去呕心沥血致力于创造，人人都只是想着去设法抄袭剽窃别人的创意成果——这是非常典型的客观价值论和非常狭隘的功利主义偏见。

对于这种常见的论断，秉持主观价值论的经济研究者会告诉我们，谁也无法断言取消了知识产权就必然导致上面这样的后果。每个人在行动时对目标价值的判断都是主观的、多样化的、动态的，有的人看重知识创新活动本身带来的乐趣，有的人甚至倒贴资金也愿意去开拓看似没有效益的科研领域。在更宽广的功利视野里，没有知识产权保护的环境实际上更有助于可持续的创新，因为宽容和自由才是创造力生发的真实土壤。

施瓦茨生前曾于2012年5月21日在华盛顿特区就“我们如何停止SOPA”发表演讲，在演讲中他说：“（在禁止网络盗版法案下，）新的科技不是带给我们更大的自由，而是扼杀那些我们视为理所当然的基本权利。”

结合数据化理论的数据自由主张思考这句话，我们认为这里的“基本权利”，应该是实体世界中我们最核心的人身权和实体财产权。这些权利，不应仅仅由于黑客们在虚拟世界里实施了任性的数据操作行为，就被法律强制机构肆意地、主动地侵犯——因为无论这些虚拟世界中的行为多么令人不快，它们都并未侵犯任何当事人的人身权利和实体财产权利。

13.4 避免走向另一个极端：公有财产

关于所谓的“数字财产”，社会上还存在着另一种极端观点——有人认为所有知识都是公共财产，宣称知识为私人所有是邪恶的。一些著名的黑客持有此类观点，如理查德·斯托曼、阿桑奇和斯诺登等。姜奇平在《21世纪网络生存术》一书中，有一章的标题赫然就是“知识产权就是盗窃”。[16]其中，作者引用了《新约·使徒行传》第4、5章中的一段文字：

亚拿尼亚和他的妻子撒非喇，在卖了田产之后，暗中商量好把代价的一部分留下。当亚拿尼亚报到时，彼得对他说：“你不是欺哄人，是欺哄上帝了。”于是亚拿尼亚就倒下去死了。

针对这段引文，作者解释说：

你不得偷盗，这就是说你不得把东西保留给你自己或放在一边。这就是一个人在参加一个社会时，答应把他所有的东西都交给这个社会，而暗中却保留了其中一部分的行为，像有名的信徒亚拿尼亚所做的那样。

很明显，作者在这里首先认定了电子书、数字音乐等虚拟对象都像实物一样有产权概念，然后主张社会中实体财产、虚拟财产的公有制才是正当的，把自己的所得、自己的创造截留为私有是盗窃行为。作者不但认为虚拟对象是财产，而且主张财产的绝对公有制，所以他从反对一切财产的私有制的角度出发，反对知识产权私有，主张知识产权公有。从中我们发现，对电子书、数字音乐、电影等数据化媒体的数字“权利”的错误主张的根源，在于人们在到底什么是财产、到底什么才有相关产权这些问题上存在错误认识。不仅绝大多数人轻易地把实体世界的物质财产概念直接挪用到虚拟世界的比特数据对象身上，那些少数的理论上的挑战者也混淆了物质实体和虚拟对象，用物质财产来比附本质上与它完全不同的数字对象。这一类比是荒谬无稽的。

在所谓“知识产权”的问题上，虽然几乎所有人都在不假思索地滥用这一类比，但是还是有少数人开始认识到这一观念的重要性。2014年9月27日，作为科技哲学领域前沿理论的长期研究者，凯文·凯利在斯坦福大学与来自中欧国际工商学院的20多位学员座谈时指出,"介入网络的能力要比实际拥有的所有权更重要。由于物权是资本主义的基础,现在我们在颠覆所有权,对资本主义就是一个很重要的事情。"[17]

实际上,姜奇平也在书中简略地提及了他对这个问题的思考:[18]

知识产权是用对物理上的物的办法来对待信息,它要从根本上成立,除非证明"物理的"和"信息的"是一回事,工业经济和信息经济没有实质区别(或不存在一个独立的信息经济)。否则,它只能把自己建立在沙滩上,而经不起时间浪潮的拍击。

这段话里对"物理的"与"信息的"区分抓住了问题的要害。从数据自由的角度考察,二者的区别在于一个是"实体的",一个是"虚拟的";一个是"物质本身",一个是"物质状态";一个有产权界定的基础,一个根本没有产权界定的意义。当我看到另一个人的发型不错,我修剪自己的头发得到一样的造型,这样做侵犯了对方的财产权吗?当我看到另一个人行走步态优雅,我模仿其动作行走,这样做侵犯了对方的人身权吗?事实上,我既没有侵犯他的人身权利,也没有侵犯他的财产权利。难道他们仅仅因为自己被山寨模仿而心生不快,感觉有可能利益受损,就可以指责我、断言我的行为事实上等同于盗窃了他的"头发"、抢劫了他的"双腿"吗?

第14章 数据通讯的自由

互联网是盘踞在当今闪闪发光的新经济核心的一个庞然大物，这一数据通讯系统由一种物理网络连接为一体。虽然位于不同地域的物理网络在小范围内各自采用不同的底层协议通讯，但是它们必定要使用相同的较高层协议——网际网络协议（Internet Protocol，简称IP）相互沟通。任何一台设备，无论它是个人电脑、智能手机还是智能电视，只要它是互联网上的节点，就有能力与其他任何一个节点相互连接，使用这些设备的人和组织可以非排他地运用与发挥这些能力，这就是数据通讯的自由。如美国联邦大法官斯图尔特·达尔泽尔所言："不妨将互联网视为世界范围内不会停止的交谈"，"美国政府不应当……阻碍这种交谈。"[19]

通讯的实质是信息的复制。从面对面的口头直接通讯开始，人类逐渐发展出利用媒介的多种间接通讯方法，例如基于纸面书写的信件等。数据化环境中的通讯囊括了之前所有的形式，既可以点对点通讯（个人之间发微信、短消息）、也可以点对多点通讯（企业网站）。既可以做异步延时通讯（电子邮件），也能够实现同步实时通讯（一对一视频聊天）。

数据通讯的形态多种多样，但仍未脱离信息复制这一本质，这也是为什么所谓的知识产权的拥护者总试图从限制通讯自由角度入手，试图强制切断个人之间互相复制媒体内容的链条。很显然，在强大的、分散掌握在个体手中的数据通讯力面前，这些倒行逆施的举动都是徒劳的。

对数据通讯自由的一个误解，是人们认为自己在赛博空间的活动不应受到任何约束和限制。在互联网免费论坛、微博和微信等服务的用户中，时常有人情绪激动地谴责其通讯自由（更常见的说法是言论自由）受到了网络公司粗暴的侵犯，因为这些服务企业的管理员删除了他在个人网页上发布的内容，暂停了其几天的发表权限，或者禁用了其账户。这类抱怨折射了一种认识上的误区——很多人没有明白网站服务器硬件是企业的私有财产，公司雇员当然可以按照企业的要求，任意处置设备上数据库里的任何数据，包括他认为不合适的内容。而这些抱怨者可以做的，是预先在自己的机器上保留好内容的副本，以及选择合适的渠道、通过不同形式继续发布想表达的内容——只要他自己愿意，就一定能找到新的方法——因为他自己也握有数据力。

14.1 网络百科全书

互联网的普及催生了网络百科全书这样一种信息、知识众包的通讯系统。如今人们需要获取知识、寻找某个事物权威的解释和说明时，往往求助于维基百科这样的内容丰富全面且有信誉的网站，学生学习、学者写文章时查阅网络百科全书网站已经逐渐成为了社会上的一个普遍现象。全球的求知者都推崇维基百科这一知识聚合平台，中国的网民使用较多的是百度百科这样类似的网站。在方便地查阅上面的词条解释、寻求“权威”答案的同时，大家也知道，每个人都可以任意修改词条中的内容——这是数据通讯的自由。发生在 2014 年初的百度百科 PX 词条争夺战，清晰地证明了数据通讯的自由能在社会事件中扮演一个怎样的积极角色。[20]

近年来国内曾发生过多起反对 PX 项目（PX 即对二甲苯，通俗地讲，其毒性跟乙醇即酒精差不多）的游行示威，这主要是由于民众担心此类大型工业项目会给环境带来负面影响，使居住在附近的自己的身体健康受到不良影响。抗议活动较常出现在中国东部相对繁荣的城市。发起活动前，一些市民会通过聊天软件、博客和微博组织协调。对二甲苯本身具有较低危害性的事实通常在此类示威活动中被人们忽视，而“PX 高度致癌”以及“工厂必须距离居民区 100 千米以上”等谣言则广为流传。

作为石油化工重镇，茂名市被誉为“南方油城”。建于 1955 年的茂名石化公司有着每年 2000 万吨的原油一次加工能力。中国石油化工集团公司经济技术研究院有报告称中国国内 PX 短缺状况严重，在自给率下降的同时，进口量急剧增加。2012 年 9 月，茂名 PX 项目的可行性研究报告及项目申请报告由中石化洛阳工程有限公司编制完成并上报至国家发展改革委员会。2012 年 10 月，发改委批准茂名芳烃项目前期工作，承建方是茂名市政府以及茂名石化公司。

自 2014 年 2 月开始，茂名市政府着手公开宣传 PX 项目。3 月 30 日上午 8 时，陆续有大量市民上街游行，要求停建 PX 项目。

2014 年 3 月 30 日，百度百科上的对二甲苯词条被网友修改，对二甲苯 PX 的毒性由"低毒"改成"剧毒"。这两个字的改变成了"词条保卫战"的导火索。4 月 2 日，对 PX 的解释中的"剧毒"内容被清华大学化工系学生发现并改回。自此之后，先后有网友多次对恶意篡改行为进行更正，但连续几次都被人改回了"剧毒"。

清华大学化工系学生王润佳在网络上解释 PX 词条，并采用各种方式号召同学们来宣传 PX 知识，请大家帮助捍卫该词条。随后，王润佳将自己在社交网站上的头像改成了对二甲苯(PX)的化学式，还在网上建立了相册并上传了截图。看到王润佳的相册后，化工系大四学生蔡达理也参与修改了该词条，并在修改原因中写道："清华化工系今日誓死守卫词条"。此言一出，清华化工系的学子群起响应。学生每隔一两个小时就会刷新一下词条，随时准备"应战"。

百科词条的争夺引发了媒体的广泛关注，与此同时，清华化工系的学生也将传播 PX 低毒属性知识的工作拓展到了百度和知乎等网站，并投身于相关问题的释疑解惑。据称，以清华化工系为主力的清华学生先后有近十人自发在知名网站上捍卫 PX 低毒属性这一科学常识。此后经过数轮修改，PX 词条被百度百科的管理人员锁定在"低毒化合物"的描述上，将词条中的毒性描述改为剧毒的部分网友向清华大学学生道歉。

网络百科全书从其诞生的第一天起，就被学者们反复夸赞、被媒体连篇累牍地报道。这些讨论中多数都只触及了众人汇聚经验智慧、共建可信知识平台的表面现象，而对数据化带给个人的数据通讯自由几乎没人提及。直到这一具有重大社会影响的词条争夺战剧烈爆发，才有人猛然警醒并意识到，由于这个知识编著的平台向所有人平等地开放，如果有人蓄意歪曲信息，就没有一个权威来保证每一个词条内容正确。事实上，负责内容审核的权威在这里也根本没有必要存在。这个开放平台所需要的，最多是服务器实体财产的所有者在特殊情况下偶尔出现，从技术上行使一下自己的财产权利——例如系统管理员暂时锁定某个引发巨大争议的词条。

互联网上的百科全书如维基百科、百度百科在本质上与传统工具书不同，它们具有一种即时通讯的属性。传统的纸质甚至光盘介质的百科全书、辞书的编撰都是由少数专业人员完成的，其工作周期漫长、成本高昂，并且书籍很快就过时了。互联网上的百科全书则是一个数据化的开放通讯平台，每个用户都可以快速掌握编撰百科词条的技能，基于兴趣随时贡献自己的才智。由于进入门槛低，网络百科全书能汇聚的人的智慧总量远高于传统纸质百科全书，只要基本架构和规则设计合理，即使最初始的那个原型版本简陋粗糙，即使有人出于各种目的和基于不同利益诉求去捣乱破坏，来自每一个用户的积极力量最终还是能有效地净化百科全书的内容，让这一开放架构的系统不断发展和壮大。

14.2　人肉搜索

自从有了互联网，人肉搜索事件就经常被抛到社会舆论的风口浪尖。在全世界智能手机的保有量已经数以十亿计的时候，手机被窃之后的人肉搜索及其引发的法律争议，又每每成为媒体关注的焦点。

智能手机大都是高价值电子设备。这类大家每天都随身携带的、体积小巧的物品，近年来逐渐成为了小偷盗窃的主要目标之一。

和钱包、项链等其他高价值物品不同的是，如今消费者口袋里的手机还是一台通用的智能设备，它不仅仅能让我们打电话、发短信，也不仅仅能帮我们查日历、拍照片，这一通用数据计算平台还支持用户安装各类专用软件应用。如果需要做文字处理，我们可以安装文字处理的专用软件；如果需要用手机观看视频，我们可以选择各种专用的视频播放器应用。重要的是，智能手机里还包含支持 GPS 全球卫星定位的硬件和软件模块，使用系统自带或用户额外安装的各种定位应用，通过智能手机的数据通讯链路，用户可以随时在其他地方的电子设备上快速定位自己的手机。

丢失手机后人肉搜索窃贼的案例在国内外层出不穷。一般是手机主人突然发现自己的智能手机被偷了，他通过联网的个人电脑、平板电脑或其他手机连接查找，发现了盗走手机的小偷的地理位置。有时因为小偷拿偷来的手机自拍或打电话，手机主人还可以在手机自动备份数据的网络存储云盘中，获得小偷的照片及通话记录，锁定小偷的亲属和熟人。

既沮丧又愤怒的手机主人为了找回手机，除了在报警后消极等待以外，还可能会上网向网友求助。他会把小偷的照片和电话等信息在网站上公布，热心的网友会帮助人肉搜索出小偷的姓名、住址、上学和工作情况等，甚至会直接联络小偷的家人与朋友。

作为这类事件的理想结局，警察会根据失主提供的信息，积极行动抓到小偷并追回赃物。另一种常见的情况是，执法机构的人员因为这样的案件太多或案值太低，倾向于行动迟缓甚至渎职不作为。有时手机主人在寻回失物的急切心情驱使下，会根据人肉搜索获得的信息，在网友的帮助下自己上门找到窃贼或销赃人，设法寻回丢失的手机。

其间常会出现的一个插曲是律师、媒体警告积极寻找手机的主人，他和网友的人肉搜索和曝光小偷个人信息的行为涉及侵权。律师主张寻找和抓捕小偷是司法机关的职责，手机失主在没有确认嫌疑人的完整犯罪事实的情况下，曝光嫌疑人的照片、住址，嫌疑人自己及其亲友的电话号码以及其他个人信息，有可能侵犯其肖像权、隐私权和名誉权等一大堆所谓的权利。

大多数民众听到这些话时会从直觉上表示反对，因为基于其朴素的认识，是窃贼首先侵犯了失主的财产权利，所以作为一种报复手段，失主侵犯窃贼的肖像权、隐私权和名誉权等是可以理解的。就像当年刘邦进入秦朝的都城咸阳后，与城中百姓约法三章时所说的："杀人者死，伤人及盗抵罪"。[21]几乎没有人意识到，只有侵入窃贼的住宅、拿回自己的手机或等值财物甚至对其做有限的暴力制裁，这些才是真正意义上的对窃贼人身和财产权利的同态报复。人肉搜索涉及的公开其住址信息、姓名、照片、通话记录和亲友信息等压根就算不上侵权，也不是什么实体性质的报复，因为所谓的肖像权、隐私权和名誉权等根本就不是权利。

基于数据化的核心理念与数据自由原则，我们反对上面罗列的这些伪权利，只承认人的实体财产权。失主的手机被窃，他（或她）的实体财产权益受到严重侵犯。从对等报复的原则出发，失主根据人肉搜索得到的信息上门夺回自己的手机，甚至寻求额外的合理物质补偿、对侵权者实施有限的暴力制裁都是正当的。失主及网友人肉搜索并公布窃贼的照片、住址、电话号码及其他个人信息不侵犯任何人的人身权和实体财产权,甚至就算弄错以致公布了其他人的隐私和肖像,也不涉及侵权,虽然可以在道德上对此行为加以评判和谴责。

隐私权的虚妄,在于对这种伪权利的主张,必然会导致对真实权利的主动侵犯。一个人的真实权利(人身权与实体财产权)的先占界定、自由交换和正当行使,不会主动损害他人的真实权利,这是经典的权利概念本身所限定的。把权利范围激进推广到覆盖隐私,认定如果一个人了解另一个人的重要信息,并在未经同意的情况下散布,就应以暴力阻止,这实际上是要建立和维护后者的一种特权,这种特权会导致主动侵犯前者的人身权,限制前者用头脑记忆和语言表述(即言论或使用智能设备等外脑发布信息)的正当权利。因此,隐私权和肖像权、名誉权等都是不正当的伪权利。[22]

14.3 网络中立

互联网作为一种数据通讯基础设施,其硬件和软件、服务基本上都是由电信网络运营商提供的。使用互联网平台的大量企业在发展一些新的服务和内容的过程中,网络运营商试图对其互联网流量和内容施加有选择的(或者说歧视性的)控制,即对某些类型的网络数据、网络服务或企业、个人用户采取与其他人不一样的收费和服务政策。网络运营商称,通过设定不同的优先级,他们可以为客户提供高级的功能和更高品质的服务。针对互联网服务提供商的这种行为,“网络中立”这一术语在 2003 年产生了,网络中立原则在业界被广泛讨论。[23]

网络中立(Network Neutrality,简写为 NN)也被称为互联网中立(Internet Neutrality),指的是在互联网企业之间形成的这样一种网络数据通讯服务共识,即从网络数据通讯服务提供企业的角度来说,它应该对接入网络的消费者一视同仁,也应该对接入网络的内容服务和其他网络服务企业一视同仁。也就是说,企业对使用网络进行通讯的所有用户之间的通信资源竞争保持中立,不会为了支持某一用户、某一类型的通讯而降低另一用户、另一种类型的通讯服务质量等级。

从21世纪初开始，网络中立规则的支持者们就开始警告说，宽带数据通讯的服务商会竭力在“最后一英里”(Last Mile)阻拦他们不喜欢的网络应用，并且还会区别对待不同的内容提供商(包括网站、服务、协议等)，尤其是他们自己的竞争对手。网络中立的倡导者还预言，电信公司会更多地采用捆绑服务的商业模式，以便从其控制的通讯网络中更多地获利，而非致力于满足客户对其内容或服务的需求。他们认为，电信运营商可能会对不同的流量类型提供歧视性的服务，针对某些内容提供商(例如特定的网站、服务、协议等)的内容额外收取费用，如果对方不支付费用，则提供质量很差的服务或者拒绝提供服务。他们拿其他的大众传播和电讯技术作类比，指出电信网络运营商支配并限制了广播和电话技术的发展，导致了更少的客户选择、更差的服务多样性，并让公司变得更官僚化。很多网络中立规则的支持者们相信，“网络中立性”是当今自由的根本和重要的保证。

在这里我们需要明确，网络中立很显然是商业伦理中的一项道德原则，企业是否遵循网络中立规则纯属自愿。把网络中立规则上升为法律并强制实施是对数据自由的粗暴践踏。虽然大多数互联网用户甚至还根本不知道有这么个东西，但是以网络中立为幌子主张侵犯数据自由的谬论却早已出现，而网络中立法律在少数国家也已出炉。

互联网协议的发明者之一Vint Cerf就曾经表示：“互联网没有为新内容或服务设计看门人。一条宽松但强制的中立性规则可以保证互联网的持续兴旺。”第一个对网络中立规则立法强制实施的国家是南美洲的智利。2010年，智利通过法律明确规定，互联网服务提供商(Internet Service Provider，简称ISP)无权封锁、拦截、歧视、妨碍任何互联网用户的使用权利，也无权限制互联网用户使用、发送、接收或者通过互联网提供任何内容、应用程序和合法服务以及合法行为的权利。同时法律也规定服务提供者必须提供家长控制工具，保障用户的隐私和安全，禁止任何限制言论自由的行为。

网络中立规则的反对者，如常人所能想象得到的，热衷于从狭隘短视的功利角度对其加以批评。他们认为该规则的主要问题是会打击宽带提供商升级网络和推出下一代更高质量网络服务的积极性。其他批评者则认为，网络服务商区别对待客户不是问题，因为对某些客户提供额外的带宽可以带来更高质量的服务,这还是非常值得期待的。网景创始人、风险投资家马克·安德森认为,至少在手机宽带到来的时候,“网络中立”这个概念会给运营商带来巨大灾难。开发者们并不会关心所开发的产品会消耗多少带宽,也不会有精力去降低带宽消耗。他认为带宽消费者势必要按质付费,以往的错误在于“政府把大多数能带来利益的带宽都授权给了公司,长久以来忘记了公司们本来应该为此缴费……欠了 50 多年账的电信监管问题现在回来找麻烦了,这是个巨大的问题。”

除了马克·安德森对争议关键略有涉及之外,上述无论是网络中立的支持者还是反对者,大都忽略了一个最根本的问题——这一通讯网络基础设施实体的产权所有者是谁?既然是网络运营商投资购买光纤、电缆和网络设备建设了网络系统,网络运营商拥有网络系统的实体财产权,那么为什么网络运营商不能自由支配自己的设备?为什么他要别人告诉自己该让谁的数据在自己网络上跑?很显然,无论网络运营商愿意为哪个客户提供差别化的通讯服务,都是他在正当地使用自己的实体财产,其他任何人都不能强制他以同样条件为另外的客户服务或者不服务。

网络中立看起来像是文明社会中的一项高尚的原则,但只有当这一商业道德原则是由市场行为主体自愿遵循的时候,网络中立才是可以被接受的。网络中立仅仅是道义上的承诺,当其被确立为法律并强制执行的时候,我们将见证肆意侵犯实体财产权的现象的发生。不幸的是,这种现象还有扩大的迹象——2014 年 9 月,在西班牙举行的一个欧盟的技术研讨会上,欧盟官员已经明确表示,“网络中立立法是不可避免的”。

14.4　阿凡达:你在虚拟世界的化身

在数据运行的虚拟世界里,每个网络用户的一个或多个阿凡达(Avatar,即“虚拟化身”)在网络设备和网络主机中活动。用户在阅读微博的时候会使用一个账号,在登录论坛的时候会输入注册的昵称,微信接受用户用 QQ 号码、电子邮箱或手机号、微信号与服务器连接。因为这些网络账号,用户才有了网络上的另一个自我,这些账户连接实体世界中的人及其在虚拟世界中的阿凡达。在使用这些通讯应用的时候,用户可以匿名吗?实名制是必要的吗?立法强制规定上网必须实名有正当性基础吗?

网络实名制要求所有使用网络及服务的个人、机构和团体都必须以真实姓名、名称登记或出现。这一制度的存废在全球都引发了巨大的争议。韩国在几年时间里从强制实施网络实名制到最后取消这一制度,其过程中的每一个环节都值得我们关注和思考。

韩国是世界上第一个立法强制实施网络实名制的国家,也是第一个废除网络实名制的国家。网络实名在韩国成为法律制度有具体的社会根源。2005 年 6 月 5 日,一个女孩牵宠物狗在韩国首尔地铁二号线车厢内排便,她不听其他乘客的劝阻并恶言相向。在这一行为被人用手机拍摄下来并传到网上之后,引发了网民的愤怒,网民将女孩的真实姓名、电话、住址、就读学校等个人信息公布出来,互联网上开始流传对女孩的各种侮辱和调侃,她的父母也接到不少匿名电话,指责其家教不严。女孩迫于压力向公众道歉,并在退学后患上了精神疾病。其家人不堪骚扰被迫搬家,有的家人还更换了工作并隐姓埋名。[24]

2005 年 7 月,美国《华盛顿邮报》发表了乔治·华盛顿大学的丹尼尔·索洛夫针对这一事件的评论文章,在这篇题为《地铁骚乱升级为羞辱个人的互联网力量的试验台》的文章中,作者称:"一个人违反道德规范后,被互联网烙上深深的'数码红字'。舆论制裁的力量又上了一个新台阶。"

这一事件让韩国民众开始反思所谓的"网络暴力"。从 2005 年到 2007 年,韩国社会对其展开了广泛的讨论,雅虎韩国的一项在线用户调查显示,79%的受访者支持网络实名制。韩国政府决定,将网络实名制以立法形式付诸实施。韩国官员表示此举是为了"减少以匿名进行诽谤等副作用",甚至要"净化网络文化",以及"大力治理最近成为韩国社会问题的恶意留言和利用网络侵犯个人隐私的现象"。

2007 年 7 月,韩国正式推行网络实名制。韩国的这一网络实名制又被称为"本人确认制",其具体操作方式采用"后台实名"的方法:用户在注册登录时必须使用真实的姓名和身份证号,但在前台发布消息时,可以使用化名。根据修订的韩国《促进使用信息通信网及信息保护关联法》,日均页面浏览量在 30 万人次以上的门户网站,以及日均页面浏览量在 20 万人次以上的媒体网站,被要求必须引入身份验证机制,这样的网站在韩国一共有 35 家。2008 年 10 月 2

日,在韩国女明星崔真实因为网络谣言自杀的事件发生之后,要求加强网络实名制的呼声更加高涨。不久之后,韩国政府又通过一项法律修正案,宣布自2009 年 4 月起,网络实名制的应用范围扩展至日均页面浏览量超过 10 万人次的网站,新的要求囊括了 153 家网站。

强制推行网络实名的初衷是要减少网上的所谓语言暴力、虚假信息传播、侵犯个人名誉和隐私等不良行为,促使网民对自己的网络行为负责。但在该法律实施三年后,一份社会调查数据反映其效果并不理想。2010 年 4 月,首尔大学的一位教授发表了一篇题为《对互联网实名制的实证研究》的文章,作者发现网络实名制实施后,诽谤跟帖数量从 13.9%减少到 12.2%,仅减少了 1.7 个百分点。英国《金融时报》中文网的专栏作者金宰贤在《韩国互联网实名制的教训》一文中写道,"更值得一提的是,从 IP 地址分析,网络论坛的平均参与者从2585 人减少到 737 人。这说明,互联网实名制导致的'自我审查'可能在一定程度上抑制了网上的沟通。还有调查显示,三分之二曾发布恶意帖子的网民对是否使用实名并不在意。出于'法不责众'的心理,他们即便以真实姓名登录,仍会我行我素。此外,为应付实名制审查,一种被称为'身份证伪造器'的软件也应运而生,这类软件可以伪造韩国身份证号码,骗过网站的实名身份验证系统。"

针对网络实名制,一些韩国的互联网网站也采取了应对措施,部分日访问量可能超过 10 万人次的网站选择不公开日浏览次数,部分网站选择绕道海外。2009 年 4 月,YouTube 被韩国政府确定为实名制网站后,关闭了其韩国站点的视频上传和留言功能,将用户导向服务器设在海外的国际站点。2010 年前后,推特(Twitter)、脸书(Facebook)等社交网站逐渐风靡韩国。2011 年 3 月,韩国广播通信委员会将此类网站排除于实名制对象以外,理由是社交网站属私人领域,不适用实名制。至此,网络实名制已名存实亡。

对网络实名制的主要挑战在于网站保存的用户实名信息的泄露。2011 年7 月,韩国门户网站 Nate 以及社交网站"赛我网"遭到黑客攻击,网站上 3500 万名用户的个人信息外泄(2010 年,韩国总人口约为 5000 万)。被泄露的资料极为详尽,包括姓名、生日、电话、住址、邮箱、密码和身份证号码。同年 11 月,韩国游戏运营商 Nexon 公司的服务器被黑客入侵,导致 1300 万名用户的个人信息被泄露。

事发后，韩国政府首次表态将逐步废止网络实名制。同年年底，韩国广播通信委员会向当时的总统李明博提交2012年业务计划时，明确表示将“重新检讨”网络实名制。与此同时，Naver、Daum等大型门户网站也陆续宣布，将删除已保存的用户信息。2012年8月23日，韩国宪法裁判所8名法官作出一致判决，裁定网络实名制违宪。判决称，网络实名的目的是公益性，但网络实名制实行之后网上的恶性言论和非法信息并没有明显减少，反而促使网民们选择使用国外网站，让国内网站与国外网站的经营产生差距，没有达成预期的公益目标。另外，考虑到由于网络实名制的实施，个人言论自由受到限制、没有韩国身份证的外国人不能注册登录韩国网站、网民个人信息通过网络泄露的危险性增加等情况，无法衡量网络实名制的公益性和危害性，因此网络实名制的公益性无法得到肯定。其后，韩国广播通信委员会也根据判决修改了相关法律，废除了网络实名制。

这次网络实名制尝试的失败为全世界提供了一个教训。韩国是全球人均网络带宽最大、网速最快的国家，其互联网普及率超过70%。作为一个比较纯粹的单一民族国家，儒家的威权传统在韩国社会仍然根深蒂固。因此，实名制最初在韩国推行得迅速而且彻底。

但实名制无法将虚拟世界建设成一个理想国，韩国实名制尝试的失败是必然的。实名制确实可以方便追查诽谤者，但这一政策恰恰也便利了它要反对的人肉搜索。强推的实名制约束了人们在网上的言行，同时也让网络上的发言者变得像在现实中一样虚伪，因为他知道自己认识的人、有利益关联的人都在看着。当然，更多的人选择了沉默，网络上的言论冲突、思想碰撞减少了，随之降临的是虚拟世界中的一个警察国家。利用强制推行的实名制，管理方试图降低管理成本，但成本并未消失，只是被成倍地转嫁到企业和每个网络用户身上，同时，整个社会也因活跃性、创造力降低而付出了沉重的代价。

更重要的是，在韩国这一场闹剧般的网络实名制事件中，社会各方来回往复、口水四溅、功利权衡，而真正关键的问题却似乎没有被任何人触及，这个问题就是——网络服务商的财产权被肆意践踏。无论是门户网站、社交网站还是其他网站，服务器主机都是企业的实体财产，如何使用这些实体财产，要求登录的用户实名还是允许其匿名,都是企业的事。强迫企业执行实名制或者禁止企业自主实施实名制都侵犯了企业对自己财产的使用权,违反了最基本的伦理原则。虚拟世界中的行为,无论是侵犯隐私、损害名誉还是传播虚假信息,都不涉及任何个人或团体的实体财产权,对这样的虚拟行为在实体世界采取法律强制手段,毫无疑问是不正当的。而如果企业是在自己的服务器上行使财产权,基于自主选择要求用户实名或不需实名——这都没有任何问题,就像用户根据自己是否接受实名登录,可以自由选择其他竞争企业的互联网产品与服务一样。

第15章 没有什么数字"权利"

人可以对实体财产排他地占有，这是实体世界中的真实的权利，人对虚拟世界的比特、数据没有权利，既不存在什么私有的数字权利，也不存在什么公有的数字权利。因为实体财产是稀缺的、排他的，[25]而虚拟世界的比特数据对象——电子书、音乐媒体文件和软件等则是丰饶的、非排他的。任何人宣称自己对虚拟对象拥有所谓数字"权利"都是毫无意义的。

如本书第一篇所论证过的，人工性是数据的基本属性之一，所有数据都是人为的。在数据挖掘领域有一种错觉，研究者、开发者把数据比作油田、矿藏，认为互联网上存在所谓的"数据自然界"，他们想要把能访问到的数据当作一种无主的资源去挖掘，然后排他地据为己有，宣称自己拥有这些比特数据的所谓数字"权利"。实际上，没有什么数据的自然界，虚拟世界百分之百是人工构筑的，其中根本没有天然的数据。数据是人工生成的，每个比特都是，数据世界不是未经拓荒的土地。

同时，我们认识到比特数据又是虚拟的、非排他的。数据不是光盘实物或硬盘、U盘实物本身，而是这些实体上物质的有序排列状态。数据是非排他的，即发现了人对于数据是非独占的这一客观规律。一个人原创并拥有一个数据原本（例如一首原创歌曲的mp3文件），并不能排除另一个人在其后也可以拥有该数据原本的副本。我可以独占光盘或硬盘、U盘这些实物，我对这些实物的产权不容他人侵犯。但只要其他人未侵占我的实物财产，他们无论用什么方法获得了我存放在光盘或硬盘、U盘上的数据的副本，我都不能加以主动的暴力干涉。

在实体世界和虚拟世界中，人的行动对客体的影响明显不同。冬天突然下大雪，我购买的雪铲被邻居借去铲雪，这时我就无法使用了，因为他使用雪铲的活动对"雪铲"这一物质财产来说是独占的，这是实体世界的约束，这些约束是由人作为物质能量活动主体的性质所决定的。但人们在虚拟世界从事的信息活动中，这种独占约束根本不存在，使用数据副本的人不会对生成原版数据的人产生影响。网上读者相互复制、传播和阅读免费的电子书，这些对数据对象副本的使用，并不影响电子书创作者对作品原本的控制，因此不应将实体世界中的财产权利照搬到虚拟世界里。

15.1 你的数据还是我的数据？

虚拟世界（包括互联网）中的数据有不同类型。从来源和是否公开（向不特定访问者开放）看，有些数据完全来自互联网企业，并由企业向全社会公开；有些数据主要由网友创作和向小圈子公布；有些是企业或网络用户个人独自生成的数据，但这些数据并未公开。人们很容易提出这样的问题：这些数据的所有权如何归属？有些学者要求明确数据的所有权，有些专家则强调只需要关注数据的访问权。

某些数据从产生开始，对其控制、管理和发布、修改、删除的主体都是单一的，我们比较容易明确其归属。例如，互联网内容提供商（Internet Content Provider，简称 ICP）网站上的数据主要是企业花费资金原创、编辑或支付费用约稿撰写的，这些数据也由企业雇佣的网络管理员控制。但在更多的情况下，我们不那么容易明确数据活动的主体。例如，一位作者在网络上发表一篇140字的微博的时候，这段理论上任何人都能看到的文字，其权属到底是谁的？这一原创内容是属于作者自己的，还是属于提供微博网站平台和微博手机应用程序的新浪公司的呢？新浪微博的几亿用户中，很少有人提出过这个问题。在数据化带来的快速变革中，类似的问题正在不断涌现，对这些问题的思考、回答以及我们所采取的行动，正在重塑我们所身处的世界——包括虚拟世界和实体世界、思维世界。

人的数据行为按时间线划分，可以有生成数据、发布传播数据和使用数据等三个相对完整独立的活动形态，其间发挥主要作用的分别是数据存储力、数据通讯力和数据计算力。从数据力在此三种数据活动中受到限制的不同程度考察，我们可以将数据分为完全公开的数据、完全私密的数据和准公开/准私密的数据三类。

1.完全公开的数据

任何人都可以无差别地看到、得到和使用的数据是完全公开的数据。不需要用户名和密码，或者开放注册账号以后，每个人随时都可以在这类网站上看到完全公开的内容，或者每个人都能以匿名登录的方式从文件传输服务器上下载，当然用户也可以将这类数据拷贝复制并保存在自己的电脑上，以及提供副本给其他人。互联网上流动的数据主体是完全公开的数据，搜索引擎索引并复制到其数据库里的数据也基本上都是完全公开的数据。

在很多情况下，这样的数据开放并不意味着没有任何技术上的限制。通常提供公开数据发布的网站对其数据的技术访问权限都作了自己的规定。普通用户一般无权直接修改新闻网站发布的页面内容，虽然很多媒体机构开放了在每一条新闻页面下方的评论留言。如果评论的人不需要预先注册一个账号就能在新闻页面的底部留言，我们会说这样的网站的数据开放度比较高。当然，如果我们将新闻网页里的文字和图片复制下来，保存在我们自己的电脑上，我们完全可以修改其文字内容，或者使用图像处理软件修饰其中的照片。但是，我们不能将改过的东西发布到原网站的原位置，只有网站的管理人员才有这种权限。

开放是数据化社会的一个典型特征，在我们今天所处的环境里，让数据公开要比不公开容易得多，通常数据友好对人对己都是有利的。企业会主动设立网站宣传自己的产品和服务，提供产品的说明书和相关服务支持软件的自由下载；政府机构也要按法律规定设立网站，公开政务信息与发布公文，为公民提供申诉的渠道和及时的反馈；大多数的网上论坛、博客网站也是公开数据的平台，用户通常可以随时注册发布原创内容，或者对其他人的文章进行评论。以标准电子文档形式呈现的数据文件复制起来极为快捷方便。在一个受到大众关注的网站上，一篇首发新闻在几分钟之内就会被全文转载，复制到大量的其他网站上多次发布，这时候要想收回这条新闻，让已经公开的数据回归保密状态几乎是不可能的。

如今的互联网上，只有少数网站能做到完全把数据公开，把数据的几乎全部操控权(这里的"权"指的是Power,不是Rights)都交给公众,其中维基百科就是一个典范。任何人都可以随时注册维基百科的账户,并随时增减或修改其中任何一个条目。维基百科完全是由分散在全世界的志愿者维护的,它成功地建立了一种用户生成内容(User Generated Content,简称UGC)的模式,网站中权威基本遁形,层级化的管理体系结构小到几乎可以忽略,规则和精英的运用被压缩到了最低限度。由于网站上集成了有效的工具(即维基百科中的恢复功能),修复被破坏的数据比损坏数据要容易得多。因此,在维基百科这一几乎开放了所有数据操作权限的平台上,优质内容逐渐积累,好的条目文章越来越多,词条编撰者松散的合作形式也在不断进步,虽然没有政府的支持,但是维基百科已被公认为是高可信度内容的来源,其条目成了大量科研文献引用的对象。[26]

2.完全私密的数据

与公开相对的是私密,彻底为个人所控制,只有一个人才能看到、获得和使用的数据才是完全私密的数据。

个人的私密数据是完全基于个人而产生的。我在自己不联网的电脑上用"记事本"软件写日记,将其保存在电脑硬盘中;我用自己没打开"数据网络"开关的手机拍照片,将其保存在手机的存储卡里;我在旅游时用DV摄录机拍摄一段录像,回家后用数据线将其从数字磁带上转存到个人电脑中。如果我决定不把这些分享给任何人,不拷贝、不上传到网络上,那么这些数据就是完全私密的。

除了上面这些主动生成和我们自觉保存的、以媒体为主的数据外,在我们的数字生活中,还会被动地产生很多数据。我们曾经在平板电脑里看过哪些视频,我们曾经在笔记本电脑上连接哪些USB闪存盘和移动硬盘,我们曾经携带手机去过哪些地方,所有这些我们的数字设备都会自动记录下来。很多人有种错觉,认为这些数据也是完全私密的数据,但往往这样的用户本身已经有意或无意地参加了"用户体验改善计划",开启了"自动上传云盘"开关,默认让系统中的软件把部分这样的数据分享了出去。随着数据化的发展,当我们在自己的数字设备上安装操作系统和软件应用的时候,会越来越多地看到"参加用户体验改善计划"这样的选项。一旦我们勾选该选项,那我们的很多被动和主动产生的数据将不再是完全私密的。只要我们的设备联网(指连入数据网络,手机连接只能打电话、发短信的数字通讯网时通常不会导致数据分享),甚至只是发生很短时间的数据通讯,我们的个人数据都有可能被上传到相应厂商的服务器里,而得到众多用户数据的厂商在将数据整理后,也很有可能与其他企业分享、交换其数据库或将其转卖出售。

在数据化的环境中,完全私密意味着个人运用数据力对比特数据的完全掌控,即只有我自己才可以对我的这些私密数据施加计算、通讯和存储行为。完全私密的数据并不一定只有一份。把我在电脑上写的日记文件拷贝到我的移动硬盘上,这不会改变数据的性质。同样,如果我在家里开着一个 24 小时在线的个人服务器,当我出门在外的时候,我可以通过网络连接和使用独有的账号和密码登录上去,通过加密通讯把我的照片下载到随身携带的笔记本电脑上查看,这仍然不会改变数据的私密状态,除非有黑客获取并解密了这些数据。

那么在网络在线应用中写的个人日记是不是私密的数据呢？当然不是,虽然有很多人天真地相信这些数据只有自己才能看到,没有自己手头的账号和密码就没人能够读取。实际上,当我联着网利用云计算服务——例如“谷歌文档”撰写文章时,通常文件会被首先保存在远程的服务器上,甚至连我自己的电脑上都可能没有这一数据文件的副本。即使我是使用本地软件应用写一个文档,但如果这个软件应用时常与软件发布企业的服务器通讯的话,那么这个文档的内容可能仍然不是私密的。个人电脑、智能手机和平板电脑处于在线状态的时候,我们的数据随时都有可能被传输到软件开发企业的服务器上。

在登录免费邮箱之类的网站时,我使用的用户名和密码是不是完全私密的数据呢？当然也不是。因为提供免费邮箱服务的企业一定会有这组数据的副本(通常是加密的,企业自称看不到明文),否则在登录时,网站将无法验证我的用户名与密码是否正确。所以,如果要尽可能地保证我的账号安全,我在选择注册邮箱服务时,就该考虑它是否提供加密通讯的方法,保证在我的电脑和服务器之间能安全地传递数据,还需要考虑企业的服务器上是否采用了高强度的加密方法存储用户的账号数据库。毕竟,有些管理不善的网站会采用明文保存用户账号数据库,结果因为其安全管理不善,黑客侵入网站获取和公布了这些账号和密码,给大量用户造成了不小的损失,这样的例子屡见不鲜。

3.准公开/准私密的数据

在需要保密的企业和政府机构内，虽然数据化可以提供一种机制，保证只有获得授权的那一个人才能得到相应的数据——企业中的报表只能在CEO的电脑中才能最后形成，对重要军事情况的分析报告只有在参谋长联席会议主席的电脑上才能被解密——但如果有超过一个人能够访问，那么企业的商业机密数据、政府的机密数据也就都属于准公开/准私密的数据。这是由数据化将数据力分散给每个人的基本特征所决定的。

尽管不断有法律专家提醒用户要严格保护个人隐私，尽管传统媒体时不时用夸张、耸动的新闻标题报道一些信息安全方面的所谓侵权案例，但由于技术创新给我们带来了越来越多的便利，所以我们还是会越来越多地与别人、与企业主动分享自己的数据。原本在隐私专家眼中非常重要的私密数据，如今已经开始走出个人的世界。在全面数据化的环境中，大量本属于私密的数据逐渐变成了准公开/准私密的数据，这些数据不是无条件地对所有人开放，但只要满足了特定的要求，数据在部分符合条件者之间是可以共享的。

今天有很多人愿意在实名社交平台上与自己认可的一些人分享自己的私密信息，数据化提供的强大计算能力，让网络管理员和用户能够设置复杂细致的数据访问权限。例如，在Facebook上，学生们会将自拍的图片和视频设定为可以在好友中分享，这样其好友名单中的人就可以看到了，从而就能了解到他的生活近况；在Google Plus网站上，有人会设置自己所发的微博只给限定圈子里的人看到；在有些网络论坛中，则会采用经验等级、虚拟货币的形式将用户群划分层级，未注册的游客和刚注册不久、对论坛贡献度低的用户权限范围较小，只有特定级别的注册用户才能看到特定内容的帖子、才能获得下载的链接地址等。

除了有条件地与其他个人交换信息之外，我们也乐于与自己信任的企业分享数据，这样的分享带来快速的服务创新与体验改善。企业免费为我们提供云盘存储服务，让我们从任何地方都能联网存取数据文件，我们也允许企业对我们存储在云盘上的文件进行分析，这样它们既可以根据文件名称、内容在页面上投放广告获取收益，也可以在网页中列出云服务器上其他相似的文档，供我们自由下载；当我们在安装软件时打开了“用户体验改善计划”开关之后，我们在使用软件过程中的操作失误、我们较多点击哪些页面按钮等数据也会反馈给开发企业，编程人员则会根据大量用户持续提供的数据，对软件加以修改和完善；我们使用搜索引擎时，在搜索框中输入过的关键词都被服务器保存了下来，像谷歌这样提供免费搜索服务的企业也会不断分析用户使用过的检索短语，并不断地改进其搜索排序算法。很明显，这一数据分享的活动反过来也有益于我们自身。因为我们不必费神记住自己使用过的所有检索词，谷歌保存的数据库可以在我们下一次搜索类似内容的时候帮助我们，让我们在刚输入头一两个字的时候，就智能地自动补充完整个搜索语句。像谷歌这样信誉良好的企业甚至还会为我们提供自己的检索历史列表，让我们可以随时查看自己在何时用谷歌搜索过什么，当然我们也有权随时删除并清空这些检索记录。

很容易理解，数据的控制权限会在上述三种类别之间进行转换。如果有人在社交网站的朋友圈中发布的图片很有趣，那么谁也无法阻挡能看到的人将这些准私密的数据转载到完全公开的网站上；纸质报刊上的文章图片原本相当于准私密范畴，只有订阅者或零售杂志的购买者才能看到。如今，其出版发行机构也都会设立自己的网站，开设博客或注册微博账号，他们也会有选择地将报刊上的文章公开分享，因为如果他们不这样做的话，自然会有人去无偿做这件事。

这种转换通常是单向的，数据倾向于变得更为开放，而不是变得更为保密。信息流动与知识传播是伴随社会发展、文明进步的一个必然趋势。反向而行也不是完全没有可能，但从经济角度看，在今天其成本会高到难以想象。当公司有丑闻被揭露时，很多企业热衷于花钱雇佣信息公关公司，通过向主要网站平台的内部管理人员支付费用，设法删除曝光它的微博、博客文章、论坛帖子、图片、音频和视频等。这种挣扎显然是徒劳的，因为让数据透明开放的力量远比将数据封锁起来的力量强大得多。如果媒体平台、新闻网站有一定的影响力，那么在原文发表后的几秒之内，来自世界各个角落的多个网络蜘蛛（或称网络爬虫、搜索机器人，是一种不间断自动运行的收集互联网上数据的网络程序。）就已经在读取网页，并将其保存在分散于世界各地的服务器数据库里了。

在观察数据化带来的影响时，我们很容易注意到数据自由、透明和开放所反映的信息熵减少的趋势，从宏观看，这一趋势是单向的，是不可逆的。如今，无论是个人、企业还是政府机构都逐渐认识到了这一点，否认和逃避数据自由是徒劳的，因为即使你不使用任何电子设备甚至隐居山林，都无法防止其他的个人或机构有意或无意地捕捉到你的信息，把与你的活动踪迹相关的数据纳入开放数据的洪流。曾任美国国家安全局高级顾问的乔尔·布伦纳（Joel Brenner）说过的一段话可以作为对数据自由的精辟注解：[27]

现在能保住的秘密已经不多了，无论什么秘密，都没法保住太长时间。今天，安全工作真正的目标是减缓秘密半衰期缩短的速度。打个比方，秘密就像同位素一样。

15.2　用户的网上踪迹

网民在网上冲浪的所有行踪都无法保密。用户使用电脑时，登录网站浏览网页是其最常见的活动之一。很多人没有意识到，自己的每一次键盘按键、每一次鼠标点击（甚至仅仅是鼠标移动、鼠标停留）都会产生大量数据，而且对于网络公司来说，这些数据根本就不是什么秘密。2013 年 3 月 15 日，中央电视台在“3·15”晚会中就有相关的系列报道，其中比较清晰地说明了互联网企业如何利用 Cookie 追踪用户，记录用户的网络浏览行为并用于商业化目的。

事实上，这个用户上网行踪数据的生成和利用机制本来就是公开的。互联网网站运行的 Web 协议从一开始就被设计为可以提供这样的服务，以帮助个人通过网页浏览器与网站更好地互动。当我们连接一个完全开放的门户、新闻网站时，这些网站在向我们传输主页中的图文的同时，也会在我们的电脑硬盘上（在安装了 Windows 操作系统的电脑中，通常是在 C：\Documents and Settings\用户名\Cookies 文件夹里）保存一个被称为 Cookie（中文译为小甜饼）的文本文件，文件中通常记录了我们使用电脑时的用户名、上网的 IP 地址、网站分配给我们的一个用于标识我们的令牌字串、连接查看过的网页链接等。网站保存这些信息，一般是为了简化用户的网上操作，用其记录的标识来改善网络服务，让网站提供的内容（包括广告）对特定的用户群更有针对性。当我们下一次打开同一个网站页面的时候，我们使用的浏览器会向网站服务器上传之前留下的

Cookie,网站服务器可以通过读取其中的信息,知道我们曾经来过和访问过哪些页面,停留了多长时间,可以根据比对之前记录的数据为我们展示定制的页面内容,并有针对性地向我们精确投放广告。[28]

有些网站会有条件地为我们在 Cookie 里保存我们登录的用户名和密码。除了不需要账号就能浏览的完全开放的门户、新闻网站之外,我们往往会注册账户和用账号、密码登录一些半开放或封闭式的网站,例如网络论坛、社交网站、购物网站、网络银行、电子邮箱、博客和微博等。当我们输入用户名和密码时,只有当我们同时勾选了输入框下方的“下次自动登录”选项时,网站才会将我们的账号以某种形式加密后保存在 Cookie 中,这样方便我们下次连接同一个网站时,可以不用花力气再输入一遍用户名和密码就可以直接进入。但网站对我们账号的保存是有期限的,所以我们会在一段时间的自动登录之后,发现网站又开始要求我们输入用户名和密码了(有些网站在用户登录时允许我们选择保存账号的时间是三个月、半年还是永久保存等。用安全软件清除浏览器的所有 Cookie 后我们往往要重新登录)。通常正规的网站不会将我们登录时使用的账号和密码以明文的形式保存在 Cookie 中。虽然这些网站在验证我们身份的时候,我们的浏览器会和网站的服务器相互交换数据,但是这些关于账号和密码的数据大多是采用加密的 https 协议传输的。实行实名制的社交网站、购物网站和网络银行一定要用加密的方式传输我们的数据,如果不是,则有可能因为数据在传输过程中被第三方截获而发生泄密。

记录我们上网行踪的 Cookie 从其诞生之初就是个透明的存在。Cookie 最早出现在网络浏览器“网景”(即 Netscape,是互联网上最早的商业化浏览器)中,该公司的一名员工 Lou Montulli 发明了 Cookie,并为其申请了专利,专利于 1998 年获得批准,申请人拥有了专利号。除了网景浏览器之外,当时用户数量更多的 IE 浏览器从 1995 年也开始支持 Cookie。从那时到现在,每个人都可以在自己的电脑中找到这些我们在不同网站留下的 Cookie 文件,并用记事本等简单的文本编辑软件打开它们,查看其中记录了哪些东西。有些 Cookie 中的内容是明文不加密的,有的用不可直接读取的加密方法编码记录。对应于某一个网站,至少会留下一个 Cookie,只有留下那些 Cookie 的网站才能读取相应的 Cookie,其他第三方网站按理说应该是无法读取的。

现实的情况是,我们的浏览器生成的Cookie数据似乎比我们看过的网站要多很多。如果我们在浏览一个大型门户网站后查看保存Cookie的文件夹,会发现其中留下了我们访问多个网站的数据,而不是一个。出现这种状况,其中的一个原因是大型网站有多个子网站,当我们点击门户网站的体育子频道、汽车子频道链接的时候,我们便进入了这些拥有独立域名的新的子网站,每个子网站也会留下一个Cookie。另一个原因是,在一个网站的主页中除了文字以外,通常会嵌入第三方的广告,这些广告从表面上看主要以图片、动画和视频等形式在页面中呈现,在背后则是指向实际存储这些媒体的广告网站的链接,所以每一个这样的图片都会生成一个新的Cookie。通常情况下,主网站的第一方Cookie和在其主页中嵌入图片的广告网站的第三方Cookie是相互隔离的。但基于商业广告的合作,主网站的拥有者在向广告商收取广告费的同时,也会分享用户在这个网站上生成的部分Cookie数据,以帮助广告商完善广告的投放方案。

针对Cookie数据的应用,各国的法律界和企业界都在尝试建立严格的规范。2012年5月,欧盟即开始实施Cookie法案,规定了Cookie可记录的内容,并且规定所有网站在使用Cookie的时候必须得到用户授权。2012年10月,互联网标准化组织W3C发布了最新的“禁止跟踪”(Do Not Track,简称DNT)网络隐私保护标准草案。根据该标准草案,用户可以选择接受或禁止被网站跟踪。W3C认为该标准有利于改善用户在互联网上的体验,减少用户网络隐私被侵犯或遭泄露的可能性。微软公司、谷歌公司和欧盟相继宣布支持该标准。作为经常上网的个人用户,如果担心企业滥用自己在网上冲浪时留下的数据痕迹,我们可以很方便地在浏览器设置里关闭Cookie的开关。包括谷歌的Chorme、Safari、Firefox和Opera等流行软件在内的所有浏览器都有这个选项。在Windows操作系统自带的IE浏览器设置里,我们可以在“Internet选项”的“隐私”标签中设置是否接受第一方Cookie和第三方Cookie(如图15.1所示)。

我们的数据是否公开主要由自己决定。如果我们选择用真实信息注册社交网站,并在注册论坛、微博和博客的时候留的是真实姓名、邮箱、电话号码和地址,在社交网站中上传自己所在位置的地图、自己拍摄的生活照片和视频,那么就是我们自己决定在互联网上完全透明。需要记住的是,我们的真实数据不

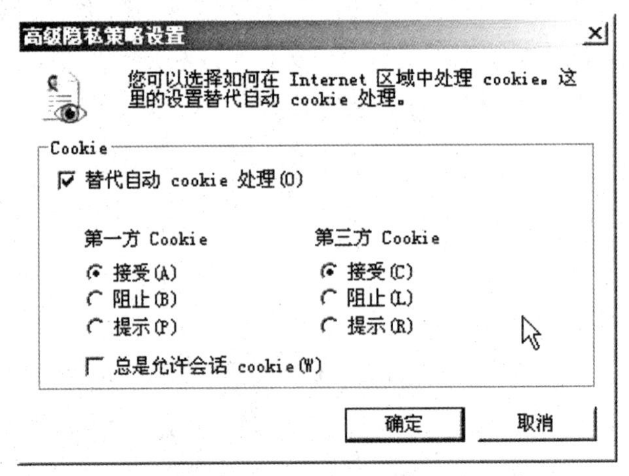

图 15.1　每个用户都可以自行设置浏览器是否接受 Cookie

会仅存于那一个我们唯一注册的网站。不同的网站之间会有商业合作,有些网站可能是另一个网站所属企业投资的子公司等。因此,无论是我们在实名的封闭式网站还是在匿名的开放式网站上留下的数据,都有可能被整合在一起。从事数据分析的企业会根据相同的手机号码、电子邮箱、即时通讯 ID 号或者 Cookie 中记录的 IP 地址等,将不同网站的数据库关联起来。这样,虽然之前我们只是匿名浏览了门户网站中体育子频道里的篮球比赛新闻,但是我们在之后登录进入实名社交网站之后,仍然可能会在页面中看到篮球比赛门票销售的广告。

对用户网上行踪数据的使用会引发不同的反应。一方面,企业有可能会借助自己的技术优势,使用 Cookie 等数据在用户不知情的条件下对用户的上网行为进行追踪。2012 年初,谷歌公司被媒体报道借助苹果公司 Safari 浏览器中的漏洞,绕过该浏览器的隐私设定追踪用户的上网习惯。针对这一事件,美国联邦贸易委员会(Federal Trade Commission ,简称 FTC)对谷歌公司展开了调查。2012 年 8 月,谷歌公司与美国联邦贸易委员会达成了和解协议,官方决定不对谷歌公司提起诉讼,而谷歌公司则要缴纳 2250 万美元的罚款并彻底停止追踪用户上网习惯的侵权行为。该和解协议于 2012 年 11 月获得了美国地方法院的批准。在中国,很多网站加入百度公司的网络广告联盟,通过在自己的网站中添加百度提供的广告展示代码获得收入,这些代码中包含共同的 Cookie 数据获取模块,因此百度的数据分析部门可以整合大量网站的追踪数据,使用数以亿计用户的信息构筑具有商业价值的数据库。

另一方面,媒体会大肆渲染我们的数据被互联网网站不断收集,夸大其可能对我们造成的伤害。企业为了给自己的商业失败寻找借口,也会渲染竞争对手针对用户收集数据的阴谋论。不了解新技术的人经常把这些空洞的恐吓当真。在全面互联、移动网络普及的时代,每个人都需要思考的是,在任何时候,所有的隐私都真地对我们那么重要吗?如果取消根据分析用户的数据定制广告的商业模式,让互联网广告像传统媒体那样盲目投放、大面积覆盖,难道不是对消费者更大的损害吗?客观地看,上网时你的个人信息被收集并非是件坏事——个人数据能使我们的浏览更为便捷,Cookies 可以让你喜欢的网站更加好用。越是了解用户,互联网上的定向投放广告越有可能恰好符合用户的需求,真正在企业与客户之间架设交易的桥梁。而且如今有越来越多的人乐于主动实名上网,人们倾向于越来越多地分享自己的生活照片、所处的地理位置、自己的声音,愿意随时随地发表自己的感悟想法,或者免费贴出自己原创的长篇文章。

我们要求政府立法和打击互联网企业使用 Cookies 是不正当的,因为互联网企业并未侵犯网络用户的人身和实体财产。当然,从互联网用户的角度来看,知道谁在收集你的信息并知晓这会怎样影响你的网络生活,这对于每个人来说都是合理的,只要你的应对行为是基于自己的私有财产,局限于虚拟世界、赛博空间。也就是说,你既可以使用互联网工具和软件屏蔽追踪,也可以反向追踪谁在记录你的网络行为。例如, Mozilla 公司的前任 CEO 加里·科瓦奇就曾在 TED 上公布了一个名叫 Collusion 的火狐浏览器插件,这个插件可以帮助你查看你的网络数据的去向,并知道谁在跟踪你——换句话说,每个人都可以反向跟踪自己的网上跟踪者。

15.3 用户生成的内容

网站上用户生成的内容(User Generated Content ,简称 UGC),即主要由用户的活动产生的比特数据,是网站所属公司的资产,还是应该归创作那些内容、分享那些信息的用户所有？既然网站是开放的，其他人和机构是否可以随意访问与使用这些数据？网站所属公司有权选择性地阻止某些企业使用自己服务器上公开的数据，这是否真地能实现？又是否具有正当性？

在数据化不断走向深入的过程中，数据归属、数据访问控制等问题引发的争议越来越激烈。很多互联网企业首先想到的是要控制自己公司撰写和发布在网站上的数据。随着占据某一领域支配地位的企业向平台化方向发展，公司对其用户在自己平台上生成的数据的控制成为了新的焦点。淘宝、Facebook 不仅设置拥有用户名和密码的用户的不同访问权限，还禁止谷歌等搜索引擎索引其中的用户主页内容；用户在新浪微博上撰写的帖子、在淘宝上设计的商品页面无法转发到微信朋友圈里，因为微信屏蔽了来自这些平台的链接。在此起彼伏的激烈较量中，一个值得我们关注的重要案例就是奇虎 360 与百度的搜索大战。[29]

谷歌搜索退出中国市场之后，百度在中文搜索领域占据了最大的市场份额。进入 21 世纪第二个十年，百度搜索的主导地位迎来了一次严峻的挑战，挑战者是中国互联网领域最富于进攻性的公司——奇虎 360。奇虎 360 通过提供免费杀毒和免费安全防护解决方案进入个人电脑软件市场，该公司在很短的时间内就占据了桌面平台安全软件的第一位。奇虎 360 以用户开机启动就运行的 360 安全卫士为入口，继续推广自己研发的其他免费软件，并在多个新的应用领域取得了不俗的成绩，其中就包括以安全上网浏览为诉求的 360 网页浏览器。在 360 安全卫士的反复推荐下，大量网络用户安装了 360 安全浏览器，该软件在启动时，会首先自动进入奇虎公司默认设定的导航页面——360 安全网址，页面中使用的搜索引擎服务最初主要由百度搜索等提供。例如，专题搜索中的新闻搜索使用百度新闻，音乐 MP3 搜索使用百度 MP3，地图搜索使用百度地图，问答搜索为百度知道。但 360 同时也在开发自己的搜索引擎。

2012 年 8 月 16 日，奇虎公司旗下的 360 搜索开始了低调测试。8 月 20 日，“综合搜索”正式上线，之后迅速超越搜狗搜索，成为了占据国内第二大市场份额的搜索网站。很显然，这会对搜索巨头百度造成压力。与此同时，360 安全网址中的默认搜索也从百度换成了综合搜索。8 月 22 日，360 将综合搜索中的“问答”一项从默认的百度知道换成了奇虎问答。8 月 29 日，360 将综合搜索各选项里的搜索工具全面“去百度化”，将新闻搜索改成了 360 自己的综合新闻，网页搜索改为 360 的综合搜索，微博搜索改为新浪微博，视频搜索改为 360 影视，MP3 搜索改为搜狗 MP3，图片搜索改为即刻图片，地图搜索改为 Google 地图，问答搜索改为奇虎问答，购物搜索改为淘宝网。

百度的应对是从 8 月 21 日开始的。随着 360 将百度从其服务中清除，百度的工程师公开宣称 360 浏览器窥探用户隐私。8 月 28 日，网民在使用 360 综合搜索中，选择来自百度相关服务的搜索时，会被带入百度的网页快照。9 月 21 日，奇虎 360 将旗下的 360 搜索域名改为 so.com。

在两家公司激烈竞争网络搜索市场的过程中，其他主要互联网企业也纷纷表明自己的立场。金山公司选择支持百度，腾讯对奇虎 360 发出指责，腾讯 CEO 马化腾称，“坚决反对假借用户之名，做一些用户难以辨别的事情”。被 360 搜索夺走大量搜索市场份额的搜狗搜索随后也加入此次大战。

负责监管互联网的相关部门介入 3B 大战，调停该事件。2010 年 8 月，百度将奇虎 360 告上法庭，百度认为 360 打着安全检测的幌子，肆意篡改百度搜索页面结果，并且对百度工具栏和百度地址栏两款软件进行恶意贬损。奇虎 360 当时回应称，百度所谓的“360 篡改百度搜索结果”实际上是 360 网盾为网民提供的搜索引擎保护功能，可以提示和标注搜索结果页面上的不良网站。安全公司对搜索引擎提供保护是国际惯例。2013 年 4 月 27 日，北京市第一中级人民法院判决 360 败诉，要求 360 停止不正当竞争行为，连续 15 日在首页道歉声明，并赔偿百度损失 45 万元。

这次风波虽然主要是互联网企业之间的白热化竞争，但是网络用户也受到了不同程度的波及。有网友发现，综合搜索的很多结果都是直接导向百度的(之前遭遇百度“反击”后，点击链接后会直接跳转到百度首页，为用户增添了不少麻烦)。随后 360 改为导向其他搜索引擎的产品，但专栏作家李俊超认为：“这样对 360 浏览器用户的搜索体验不利，理由是百度搜索结果的质量明显优于其他对手。”还有消息称 “360 安全卫士或拦百度广告”，担忧如果这两大信息科技企业互相屏蔽，重演当年“3Q 大战”来逼迫用户二选一，那么最终倒霉的将是用户。

大多数普通网络用户没有意识到的是，这次争斗的焦点最终落到了数据的归属、数据的访问控制上。总的来说，搜索引擎是互联网上所有网站页面内容的总目录，是一个巨大的索引数据库，它本身不产生任何原创的内容，而是保存其他所有开放网站的内容摘要，供用户快速查找并转向自己感兴趣的原始网站。搜索引擎每一秒都在大量抓取互联网网站上的网页，这些网站的服务器主机数以百万计，其中的页面更是海量并在不断修改变化。

谷歌等公司在发展和推广搜索引擎的过程中提出了 Robots 规范。该规范让被访问网站自主决定网站中哪些目录下的页面可以被搜索引擎的爬虫获取，哪些不能，甚至可以排他性地只允许特定的搜索引擎索引自己网站上的内容。Robots 协议如今已成为国际上搜索引擎 gszo 的通行规则，任何网站都可以根据自己的意愿设置自己的 Robots 协议，自动提示搜索引擎爬虫哪些数据是可以被抓取的，哪些是被拒绝访问的，而运营搜索引擎的企业则普遍自觉遵守这一规范。[30]

与其他搜索引擎运营企业不同的是，百度公司不仅针对中国互联网市场的特点开发搜索引擎，索引其他网站的数据，还建设了百度知道、百度贴吧和百度百科这样独特的网站，提供了重要的 UGC 用户生成内容的平台。这些平台非常成功，每天都有大量用户针对不同问题、不同主题在其中交流和分享海量信息。这样，其他搜索引擎在索引互联网上的网页时，会有很大一部分抓取的数据来自百度旗下的这些网站，用户搜索到的很多目录链接直接指向百度控制的网站页面。奇虎 360 的综合搜索就面临这样的局面，在搜索结果页面中，经常会有很多链接直接指向其主要竞争对手——百度旗下的用户生成内容的网站。

当奇虎 360 的综合搜索正式上线运行之后，有些研究者还发现，这个新的搜索引擎并不是一个完全独立的网络工具。当用户输入关键词查询时，得到的结果实际上有一部分是来自其他主要的搜索引擎搜索结果的组合，也就是说，可能是奇虎 360 的搜索服务器在获得了用户输入的关键词之后，立刻将其提交给谷歌、百度等搜索引擎，在把获得的数据与自己有限的数据库内容综合之后，再提交给搜索用户一个结果页面。甚至有人把 360 的综合搜索称为基于原生搜索的二次搜索引擎。

360 综合搜索的市场份额在短时间内迅速增长，对该领域居于主导地位的百度搜索形成了巨大的威胁。百度为应对奇虎 360 突袭带来的压力，有意修改了旗下百度知道、百度贴吧和百度百科等用户生成内容网站的 Robots 协议文档，禁止来自奇虎 360 综合搜索的网络爬虫索引其中的内容，只允许其他搜索引擎的爬虫抓取自己网站中的页面。作为应对,奇虎 360 有针对性地修改了自己的网络爬虫软件,让它跳过百度旗下网站上的 Robots 协议文档,仍然自动抓取这些网站上的数据。

奇虎 360 综合搜索无视国际通行的 Robots 协议,未经允许直接抓取百度等网站数据的行为,在互联网业内引发了激烈的争论。面对指责,360 方面反驳称百度在其旗下网站的 Robots 文档中设置专门禁止 360 搜索引擎的爬虫,但允许其他搜索引擎的软件访问,这种行为涉嫌垄断。2012 年 9 月 2 日,奇虎 360 董事长周鸿祎在参加中欧国际工商学院的创新论坛时,被问及互联网上热议的奇虎 360 与百度的搜索大战。对于百度利用 Robots 协议封杀 360 搜索的事件,周鸿祎称:“这是百度在滥用 Robots 协议,阻碍 360 进入搜索市场。”

周鸿祎在论坛上表示,“第一,百度既是搜索引擎,也是内容网站,百度知道、百度贴吧和百度百科等网站的 Robots 协议仅针对 360 搜索引擎,其他引擎都可以顺利抓取。这是一种歧视性的行为,完全是不正当竞争,这种 Robots 协议当然是无效的。第二,百度百科和百度知道等都是公开的信息,没有任何隐私的内容,如果百度认为 360 搜索引擎涉及百度的网站安全,那就请拿出证据,让专家、社会各界来评判。第三,百度的内容都是网民一点一点贡献出来的,现在百度滥用 Robots 协议,用户使用 360 搜索引擎访问自己创造的内容,居然访问不了,这是什么道理?有的评论家口口声声说这是行业规范,这样滥用行业规范是正当行为吗?”

上面这段论述集中谈到了几个问题,其中包括:网站可以设置自己的 Robots 文档,歧视性地禁止某个人、某个公司访问自己的数据吗?公开发布的网站,其数据就应该共享,其内容就应该属于公共域吗?在用户生成内容的网站上,其数据主要由用户编写,用户对自己上传的数据是否享有所有权?对其他非自己上传的数据,是没有所有权,还是仅有部分所有权,还是拥有全部的所有权呢?奇虎 360 公司如果在百度旗下用户生成内容网站上注册了账号,贡献了一部分数据,那该公司是否享有使用网站中所有数据的权利呢?事实上,由于百度知道、百度贴吧和百度百科等网站是完全开放的,是允许任何网络用户访问的,即使没有注册百度账号的人都可以获取上面的数据。在这种情况下,奇虎 360 公司的网络爬虫软件难道不可以访问这些网站中的所有数据吗?

在围绕这一事件的争论中，涉事企业的负责人和关注互联网发展的学者常会以数据所有权这一概念来讨论问题，毕竟，从实体世界财产所有权保护出发，很容易在思考虚拟世界的问题时，落入数据所有权的类比陷阱。有些专家认识到数据访问权比归属在这里更为重要，但由于没有数据化的系统理论框架，所以几乎没有人能厘清这一问题的脉络，更没有人认识到根本就不存在什么数据所有权这样的东西。

从数据所有权根本不存在这一认识出发，我们有机会以全新的视角看待这一事件，而这种观察角度在关于此次冲突的所有分析里都未曾被提及。百度知道等网站上由用户撰写的数据，既不是百度公司的财产，也不是提交答案的用户的财产，任何人、任何公司都可以通过互联网获取这些数据，而百度公司也可以随时屏蔽任何访问数据的请求。跳过行业共识，未经允许获取网站上的信息的确为人不齿，但对这种行为的指责只应局限在道德层面，不应上升为法律诉求。同样，主张开放网站上的用户生成内容是公共财产的观点也是错误的，这种错误和指责私营企业在竞争中形成的自然垄断一样离谱。

需要强调的是，只有实物才涉及所有权的概念，数据是抽象的物质状态，是人的思维、智能的外化，主要表现为光盘、磁盘和半导体存储器中微小数据存储单元的状态。与具有稀缺性、排他性、独占性的实物不同，作为状态的数据是非稀缺、非排他、非独占的，不存在对这些状态的所有权，而所谓的访问权，完全可以用数据化理论中的数据计算力、数据通讯力和数据存储力这样更准确的概念说明。

15.4 用户在云盘中的存档

智能手机可以随时随地拍照摄影，这让自拍成为年轻人的时尚。在众多品牌的智能手机中，苹果手机因设计优秀、价格较贵而成为时尚阶层首选的智能手机。苹果公司致力于控制软件和硬件系统的大量技术环节，导致苹果手机的技术相对封闭，通常它也因此被认为安全性较高。iCloud 是苹果公司力推的云服务系统，苹果手机等设备默认将照片和通讯录等数据自动存储同步到云服务器中，而其安全登录措施为常见的用户 ID 号加密码。

2014 年 8 月 31 日,约 200 张以好莱坞女性艺人为主的私人照片(包括裸照等)被人盗取并上传到了贴图网站 4chan,其间有匿名人士用比特币购得照片。照片随后被 Reddit、Imgur 和 Tumblr 等网站的用户转发。苹果公司经调查发现,这些私人照片的盗取者为获取图片,有针对性地攻击了 iCloud 网站上的账户名、密码和安全提示问题,获取了众多艺人的账户访问权限。丑闻在全球爆发后,某些中文媒体用“好莱坞艳照门”描述此次事件。[31]

调查显示,部分照片在被完全公开前几个星期就已经在小圈子里私下流传,而且有迹象表明还存在很多未被公开的照片和视频。《每日邮报》引述 4chan 和 Deadspin 网站上的匿名海报称,黑客圈子里的隐私销售者为大规模的释放已经酝酿了数月。这些照片被匿名上传至 Reddit 和 4chan 后,在网上迅速扩散。隐私照片的主要散播站点 Reddit 创建的部分照片的外链在其发布当天就吸引了 75000 名网民。Reddit 网站的管理员因为违反了网站反凭证追踪原则而受到了舆论的谴责。

最初公布的视频和照片涉及 100 多人,包括一些热门影星。照片公开后不久,一些受影响的名人发表声明,证明或否认照片的真实性。《福布斯》撰文呼吁大众不要用 iCloud 存储敏感照片,并用另一篇文章介绍如何彻底关闭 iCloud。苹果公司核查了 iCloud 服务是否存在导致照片泄漏的安全漏洞,表示会“非常认真地对待用户隐私”。2014 年 9 月 2 日,苹果公司发布新闻稿称:“经过 40 多个小时的调查,发现某些被破坏的名人账户的用户名、密码和安全提示问题被非常有针对性地攻击,这种做法在网上太常见。”苹果公司 CEO 蒂姆·库克接受《华尔街日报》采访时表示,苹果公司计划采取额外措施保护用户安全发送电子邮件和推送通知,以防有人将 iCloud 数据还原至新设备,或使用新设备登录账户。专业人员相信,这一泄露源于“查找我的 iPhone 服务”的安全漏洞,该漏洞允许黑客运行脚本反复猜测用户密码(不受到猜测次数的限制),直到找到正确密码。其后苹果公司修复了该漏洞。

其间,美国联邦调查局表示收到了计算机入侵和非法公开泄露私人资料的指控。演员詹妮弗·劳伦斯联络了警方,其公关人员表示当局会控告泄露其照片的任何人。《福布斯》专栏作家约瑟夫·斯坦伯格则质疑执法机关和技术提供商的反应,指出名人与普通公民的处理方法不同,案件的执法可能不合法。

果然,该事件在发展过程中走向了歧途。一位好莱坞的律师扬言要起诉谷歌公司,理由是这个搜索巨头在艳照泄露后没有及时将这些照片从索引中删除。这位名叫马丁·辛格的律师过去曾为多位好莱坞明星处理过法律纠纷。而这一次,他的代理人包括了演员詹妮弗·劳伦斯、模特凯特·阿普顿和歌手蕾哈娜等人,涉及的赔偿金额也高达 8000 万美元。这位娱乐界的律师声称已致信谷歌公司,他表示:“谷歌公司明知这些照片和资产是被黑客盗取的私密财产,是由那些堕落的‘掠食者’非法获得并公布出来的,这些人侵犯了受害人的隐私权”;然而,“谷歌公司却并未或几乎并未采取任何行动来阻止这种粗暴的侵权行为”。辛格律师要求谷歌公司应该为其“公然的不道德行为”买单,而这个金额是 1 亿美元。对此,谷歌的发言人则表示:“事发后我们在几小时内删除了成千上万张照片,并关闭了数百个相关的账户。我们做了自己能做的,但对于那些(将照片)保存在私人账户里的用户,我们无权做什么。”

此次事件的爆发,一方面让我们更明确地看清了一个事实,即在我们已经置身其中的数据化社会里,真正的主导力量是数据力——即数据计算力、数据通讯力和数据存储力的掌控能力;另一方面也让我们越来越清晰地看到,所谓“数字财产权”这种伪权利的荒谬面目,很显然,无论黑客、公众、提供云盘服务的企业或搜索引擎公司如何处理照片的副本(即一系列数据文件),都并未涉及人身侵害或对实体财产的侵犯,其中只涉及了各主体对自己拥有产权的设备上的数据的处理,这一事实被狂热的“数字财产权”的鼓吹者弃若敝屣,主张运用主动暴力维护特权成了其主要的诉求。

无论是明星还是普通消费者,在使用智能手机获得随时自拍便利的同时,都必须付出相应的代价,了解数据安全的相关信息。不懂得手机会将刚拍摄的照片自动备份到云端服务器,是这些明星自己愚蠢。如果她们能清醒地认识到自己的愚蠢并理智地加以应对,可以花钱雇佣专业人员维护其信息安全,而不是扮无辜受害者,推卸责任和指责别人,甚至对其他人和互联网公司动用法律强制武器。

处于事件漩涡中的互联网公司不应承担任何法律责任。无论是运营 iCloud 的苹果公司,还是以搜索引擎索引网上所有数据的谷歌公司,它们都没有明确向用户提供保证数据不泄露的服务,而且没有向用户收取任何服务费用,它们都不应受到法律强制手段的暴力威胁。只有与用户签署了协议,保证向用户提供安全服务的企业才要承担相关的经济责任。事实上,随着信息安全问题频频出现,市场上已经涌现出一些富于进取心的安全公司,它们主动向用户提供保险,保证只要使用了其软件、应用和服务,当发生意外时便会向用户支付高额的赔偿。

虽然很多人认为引发这件丑闻的黑客非常可恶,但是他们无论是从 iCloud 服务器,还是直接从联网的个人智能手机中偷偷复制明星自拍照等私密数据,都不构成对他人实体财产的侵犯,因此对其采取法律强制手段是不正当的。当然,当今的主流价值观会判定黑客的这些行为是不道德的,他们自然会受到社会舆论的谴责,更严厉的应对包括个人与企业在其私有财产范围内的抵制——例如,网络论坛删除其账号、屏蔽其 IP、公布其个人信息,以及银行、宾馆和饭店拒绝为其提供服务等。

15.5　黑客

黑客是赛博空间里数据自由的最极致的践行者。在黑客的眼中,已经没有数据到底属于谁的问题,而只有数据能否获得、自己能否掌控任何一个信息系统的问题。当然,有些黑客的行动跨越了虚拟世界与实体世界的边界,直接侵犯了当事人的实体财产权,例如从别人网上银行账户里转账偷钱。需要注意的是,虽然黑客在行动上表现出了很典型的数据友好、数据自由的特质,但是仍然有很多黑客(包括理查德·斯托曼、艾伦·施瓦茨、阿桑奇和斯诺登等)的部分理念还仅仅停留在前数字化时代。

最初,“黑客”一词被用来称呼研究和盗用电话系统的人。现在,维基百科将黑客界定为“对计算机科学、编程和设计方面具高度理解的人”。按照这种说法,莫非讲授计算机编程课程、撰写计算机原理书籍的大学教授都是黑客?很明显,这一表述仅仅触及了黑客的知识水平,实际上,黑客的特征更主要地反映在其能力和行动上。[32]

黑客是运用科技设备时采取了超出一般的行动的人。人们总是从黑客做了些什么独特的事情才知道他们和认识他们。普通人每天这样使用电脑等信息科技设备：工作时，人们使用专业软件做做文字编辑、报表填写、图像处理、网页制作和视频、音频剪辑等专业工作；闲暇时，人们使用媒体娱乐软件来听一听音乐、看一看电视节目和电影等视频、读一读电子书、玩一玩游戏、浏览一下网站和微博及微信上的文章内容。为此，媒体内容的作者和发行企业、软件开发公司出于利益保护的需要，倾向于采用自己更容易控制的媒介形式发布音乐、电视节目、电影、电子书和软件等，有些内容采用专门的分发渠道，有些采用了加密措施，有些应用了复杂的数字版权管理（Digital Rights Management，简称DRM）方案。

黑客中最重要的那一部分人所做的，就是解除那些施加于内容信息之上的束缚限制，努力把所有模拟的、数字的媒体都全部数据化，使其成为通用计算、通讯和存储平台上自由流动的开放数据。在今天，音乐有很多仍然以CD光盘的形式发布，但总有发烧友不顾发行人印在光盘盒上的版权声明，把数字音轨转到电脑中，以MP3等格式的数据文件公开分享；正规的电影DVD光盘和蓝光光盘里都有多重加密封锁，黑客早就开发出了易用的破解软件，让任何人都可以方便地提取其中的视频轨、音频轨和字幕轨，转换打包为常用的视频文件供爱好者下载；英语国家受欢迎的电视节目在数字电视网络中播出的同时，就有人拿接收设备将其连同字幕一块录制下来，然后迅速上传到开放的网站上，使用其他语言的国家的字幕组则高效率地把字幕翻译为本国语言发布；如今仍然以纸质形式出版的书籍被大量扫描（甚至人工打字抄写）录入电脑，有些通过光学字符识别被还原为文本，有些以图片的形式被整合为PDF等格式的数据文件，提供给人们自由分享和阅读；软件加密和破解的争夺在个人电脑时代就已经存在，如今智能手机的普及让这种争夺换了一种形式，在应用市场里收费而且受欢迎的APP总是很快被黑客破解并打包为免费版本，甚至本来就免费的应用也会因为受欢迎而被修改和加入广告后改头换面再发布。

黑客是在信息科技领域能力超强的人，掌握尽可能强大的数据力是黑客区别于其他人的关键。数据通讯能力在一般人看来，指的就是自己家里购买的计算机线路联网带宽，以及手机移动数据无线上网的最高速率，从2G、3G到4G，手机网速越来越快，这些设备的带宽充其量也就在每秒几兆到几十兆，乃至上百兆量级。黑客的数据通讯能力远超普通网络用户。黑客不仅能够使用自己家中的个人电脑联网,还能遥控数据中心机房内拥有很高数据吞吐能力的服务器主机通讯,不少黑客还通过木马等工具软件控制了成千上万的其他网上电脑(即俗称的“肉机”),如果需要,他们可以在短时间内发起巨量的通讯连接;同样道理,黑客的数据存储能力也不限于自己携带的半导体闪存U盘和手机里的SD卡,或者家里电脑机箱内外的区区几块硬盘,他们能把大量数据分散且隐秘地保存在网络上的不同主机里,云存储系统和其他托管服务的存储空间也是黑客常用来保存数据副本的地方;在云计算平台上托管的程序代码极大地扩展了黑客的数据计算能力,因此,普通用户的电脑与智能手机里中央处理器、图形处理器的几GHz量级的运算能力,与黑客拥有的数据计算力完全不可同日而语。如果有必要,黑客可以调动其掌控的分布式计算能力,花较短的时间暴力破解出较长的用户密码,或者像公安部门的电脑系统那样快速找到各类数据库里的个人信息、识别车牌号码,甚至通过匹配人像照片确定其身份。

一直有人试图区分不同类型的黑客。在专业领域,未经许可侵入对方信息系统的人被称为黑帽子黑客(black hat,也称cracker);研究和保障信息系统安全,防御恶意攻击的人被称为白帽子黑客(white hat)。此外,还有灰帽子黑客、红客等不同类别。但在普通人的观念中,这样的区分从来没有流行起来,所有在信息技术应用方面拥有强大的能力,并且表现为采取突破约束限制禁锢行动的那些神秘的电子专家,都毫无例外地被冠以黑客的头衔。

黑客未经允许对他人系统的入侵基本上都是远程进行的(物理闯入机房的行为虽然常被美化为“社会工程”之类,但是实际上已经超出了黑客行为的界限,属于真正的犯罪了),通过数据通讯网络突破对方电脑和智能手机的安全防护,复制数据、获取电脑控制权甚至修改和删除其中的数据。无论是个人主机、企业网络还是政府的网站,都有大量被黑客入侵的案例。

黑客侵入个人信息系统后,首先能做的往往是获取私人的数据,无论是保存了账号和密码的工作表,还是记录工作、生活信息的文档,都成为了黑客的囊中之物。极端情况下,黑客甚至能获取完整的权限,随意远程遥控我们的电脑和智能设备,这样的系统既可以成为黑客继续侵入其他系统的跳板,也可以自动访问大量指定的网站,通过反复点击广告等让黑客直接或间接获利。在互联网科技蓬勃发展的今天,个人的信息系统已经不限于我们家里、办公室的电脑,也不仅仅是指我们随身携带的智能手机和平板电脑，几乎每个人都会注册的网络邮箱、云盘等都属于个人信息系统的延伸。如果得到了账户名和密码，黑客就能冒用个人身份，登录邮箱获取我们的邮件，或者从云盘里下载我们未曾公开的照片。

企业受到黑客入侵的情况是最普遍的。如果发生某个邮箱服务网站用户账号和密码的大规模泄露，往往意味着该企业的信息系统已经被黑客入侵。这样的例子比比皆是。2011 年 12 月 21 日上午，号称大型综合性 IT 门户网站的 CSDN 遭到黑客攻击，CSDN 网站的用户数据库被公开在网上，其中包括 600 余万个注册邮箱账号和与之对应的明文密码。中国最大的网络论坛天涯社区的 4000 万用户资料泄露，黑客获取的该网站用户的账号、密码、邮件地址等都以明文保存。最新的案例是 2014 年索尼影业的电脑系统被黑客入侵，大量索尼内部的机密文档和高管的私密邮件被曝光。

政府的数据被黑客获取和公布往往会引发重大的新闻事件。美军士兵布拉德利·曼宁把印着音乐 CD 图案的可擦写光盘带入美军基地的办公场所，当他将美军的机密数据刻录在光盘上并顺利带出之后，光盘被提供给了维基解密网站。维基解密是一个国际性的非营利媒体机构，由著名黑客朱利安·保罗·阿桑奇建立，致力于公开匿名来源和网络泄露的文档。该网站组织计算力量破解了曼宁所提供的数据中的加密文档。2010 年 4 月，通过一个名为“平行谋杀”（Collateral Murder）的网站，一段 2007 年 7 月 12 日美军在巴格达开展空中打击的加密视频被维基解密发布，视频中显示两个路透社雇员在被飞行员误认为携带有武器后遭到攻击，而实际上那只是照相机。2010 年 6 月，曼宁被拘捕，据称他还曾将大约 26000 份美国政府的机密外交电文转给了维基解密。而维基解密则从 2010 年 11 月 28 日开始公布这些文件——史称“电报门”（Cable Gate）事件。2013 年 7 月 1 日，维基解密协助另一位著名黑客爱德华·斯诺登从美国经香港逃亡到俄罗斯。斯诺登曾经是美国中央情报局的职员和美国国家安全局外包企业的雇员，他利用工作机会获取了大量的机密文档，曝光了美国国家安全局从 2007 年开始实施的“棱镜计划”等行动，揭露了美国政府广泛监控普通民众和其他国家领导人的事实。[33]

因为上述吸引公众眼球的事件，黑客经常被媒体大肆报道，媒体上的评论有褒有贬、众说纷纭,社会公众常常对黑客与黑客行为感到恐慌,世界各国都不断有人提出要求加强立法打击黑客。我们需要冷静分析的是,如何判断黑客的哪些数据行为是正当的或不正当的,又应该采用什么原则标准呢?以数据化理论为基础加以分析,是否侵害了或直接威胁到个人、机构的实体财产权利应该是最核心的判据。

数据化理论认为,只有在实体财产受到主动侵犯或直接威胁时,才能运用对等的实体暴力对其作同态报复——根据这种原则,对未到实体侵害程度的大多数黑客的虚拟行为,例如远程控制电脑主机、窃取数据、篡改内容和公布隐私信息等,采取法律手段对其进行打击是不正当的。当然,黑客的上述行为在一定的社会环境中,可以被社会主流体系判断是违反了道德的。无论从价值判断上如何认定,当事人采用同类的数据行动加以报复,以及在自己财产范围内对其发起抵制都是正当的。例如,当事人可以自己行动或雇用安全专家,设置“蜜井”误导发起攻击的黑客;可以主动反击反向入侵,可以人肉那些入侵系统或散布了自己隐私信息的黑客,公布其照片、姓名、住址、电话和其他隐私信息;可以联络金融、航空和其他行业的企业将其列入黑名单,拒绝为其服务等。

注释和参考文献

[1]《世界是数字的》,p.211。布莱恩教授在书中专设了一章(即第11章《数据、信息和隐私》),着重讨论信息科技给人们带来的隐私和安全困扰。在这一章的结尾,布莱恩教授提出了一系列问题,并称“诸如此类的问题还可以提出一箩筐,但极少能给出清晰明确的回答。”他可能没有想到,他撰写和出版这本书,向人们介绍与普及信息科技知识,由此会增强人们的数据计算力、数据通讯力和数据存储力,这本身就是一种回答。

[2]虽然被奇虎360与腾讯QQ之战波及的广大用户普遍没有意识到,在互联网时代,信息科技公司可以在用户的电脑中为所欲为——可以任意扫描用户硬盘上的文件夹,可以自动监控用户使用的其他厂商的软件,可以让自己公司的软件在用户电脑里“自杀”——笔者仍然认为这些虚拟世界、赛博空间里的活动都属于商业道德范畴,不在法律管辖的范围内。

[3]穆瑞·罗斯巴德著,吕炳斌、周欣、韩永强、朱健飞译:《自由的伦理》,复旦大学出版社,2012年11月,p.190,罗斯巴德等自由意志主义者认为,“单纯的承诺(promises)并不意味着财产权利的转让;遵守承诺可能符合道德,而在自由主义体系中法律的功能(即法定强

制力）不在于，也不能在于实施道德行为（此处指遵守承诺）。”

[4]自由软件基金会（Free Software Fundation，简称FSF）是理查德·斯托曼于1985年10月创建的一个致力于推广自由软件的美国非营利组织。作为安卓手机操作系统内核的Linux就是在自由软件许可证GNU的声明支持下发布的。

[5]参见O'Relly出版社的网上开放书籍 *Free as in Freedom*（中文译名《若为自由故》）。网上全文阅读地址：http://www.oreilly.com/openbook/freedom/，此书英文版全部文字在互联网上公开发布，这本身也是在践行理查德·斯托曼的知识自由的理念。

[6]与理查德·斯托曼的个人观点有些不同，作为一家独立的民间组织，自由软件基金会虽然每年约接触到50个违反GNU通用公共许可证的事件，但是它仍然试图不通过法律程序强迫对方遵守GNU通用公共许可证。

[7]参见“经济学家”网站，原文标题“Wanted：a tinkerer's charter”，链接地址：http://www.economist.com/blogs/babbage/2014/08/difference-engine

[8]春运火车票难买本身是一个单纯的经济问题，由于价格管制和作为垄断国企的铁路总公司地位尴尬，所以只要它不是基于市场供需变化实施车票价格自由浮动，那么无论用户是否使用网络浏览器的插件抢票，这个经济问题仍然会长期存在。

[9]安·兰德著，杨格译：《阿特拉斯耸耸肩》，重庆出版社，2007年10月。

[10]周翼：《反知识垄断：超越IT领域看》，《中国社会科学报》第58期第12版，2010年1月21日。作者认为，“反垄断法有时还把剥夺合法的知识产权中的某些权利，作为削弱市场垄断地位的措施之一，例如强迫垄断企业公布部分商业秘密等”。

[11]《阅读的权利》是理查德·斯托曼早期创作的一部虚构作品，用以传达自由软件运动所倡导的知识开放理念。这一短篇科幻小说中对未来的悲观预测，在今天部分成为了现实。

[12]布尔费墨：《从唯冠和苹果的商标之争谈知识产权》，2014年12月31日。微博文章网址：http://weibo.com/p/1001593793799393470339? mod=zwenzhang

[13]Paul Graham著，阮一峰译：《黑客与画家》，人民邮电出版社，2011年4月。

[14]早期的苹果电脑公司长期坚持非常严苛的封闭政策，在史蒂夫·乔布斯于1996年回归濒临倒闭的苹果公司之后，他开始执行相对开放的策略，主动劝说音乐机构去除加密限制就是其转向部分开放的具体行动之一。

[15]纪录片《互联网之子》（*The Internet's Own Boy：The Story of Aaron Swartz*）于2014年在美国公映，该片在圣丹斯电影节上获得评审团大奖提名。

[16]姜奇平著：《21世纪网络生存术》，中国人民大学出版社，1997年12月。在《知识产权就

是盗窃》这一章里,作者未能明确指出实体对象与虚拟对象之间的本质差别,轻易地将二者等同,并借原始社会实体财产公有而非私有来论述所谓的“知识产权”问题。

[17]参见凯文·凯利 2014 年对中欧国际工商学院赴美国访问团的演讲稿。原文标题为《凯文·凯利斯坦福演讲 预言未来 20 年科技潮流》。网络链接:http://www.cyzone.cn/a/20141027/264795.html

[18]参见《21 世纪网络生存术》。这是该书中容易被忽视的一段非常重要的论述。作者在大约二十年前就触及了实体对象与虚拟对象的本质差异这一核心问题。

[19]菲利普·鲍尔著,暴永宁译:《预知社会——群体行为的内在准则》,当代中国出版社,2007 年 11 月,p.302。

[20]PX 即对二甲苯(英语:p-Xylene),它是苯的衍生物,是一种重要的化工原料。参见维基百科词条:http://zh.wikipedia.org/wiki/%E5%AF%B9%E4%BA%8C%E7%94%B2%E8%8B%AF

[21]“约法三章”最早的记载是在司马迁所著《史记》的“高祖本纪”中。公元前 207 年,刘邦占领秦都咸阳后,废除了秦的苛法严刑,只保留“杀人者死,伤人及盗抵罪”(杀人者处死,伤害及盗取财物给予和罪行相应的刑罚)三条。

[22]穆瑞·罗斯巴德著:《自由的伦理》,p.176。罗斯巴德在否定隐私权时强调,“简而言之,任何人都无权盗窃他人的家产,也无权窃听他人的电话”。后面这句话在他生活的时代是正确的,因为当时如果警察要窃听私人的电话,首先要物理入侵当事人的住宅,在其电话机、家具或墙壁中安装外来的有线或无线设备,毫无疑问这侵犯了当事人的财产权。但在已经全面数据化的今天,美国政府在窃取公众电话数据(如在“棱镜门”事件中做的那样)的过程中,并未侵犯个人的权利。对此问题的澄清可能会令阿桑奇、斯诺登等公众权利的捍卫者失望,但美国政府实际上只是侵犯了电信企业、互联网公司的财产权。当然,这也会间接导致企业无法百分之百履行对其用户的安全承诺,或者损害二者之间涉及财产交换的契约。

[23]网络中立原则是一种表面上看来似乎很高尚,但实际上会将人们导向歧途的倡议。这里混淆了实体物理网络和虚拟数据网络的本质区别,同时在涉及无线网络中立的讨论中,还混杂了无线频谱行政性独占垄断的问题。

[24]韩国是目前世界上互联网服务最发达的国家之一,其网络实名制度的兴废为其他地方的人们提供了非常有益的参考。

[25]N. Stephan Kinsella. *AGAINST INSTELLECTUAL PROPERTY*, 2008, Ludwig von Mises Institute, Auburn, Alabama. p.8。实体财产权源于人对自己身体的权利,每个人自然地拥

有自身(实体),并通过无主财物的先占及自愿交换将正当的权利延伸到范围广泛的实体财产。私有产权的正当性是建立在物质实体的排他性、独占性上的。作者在书中通过重点强调有形财产(tangible)的稀缺性来论述这一自然原则。稀缺性的含义主要在于,一个人拥有某实物的产权,其他人即不能拥有同一实物的权利;而某一实物产权的所有者行使对此物的权利,也不会侵犯其他人对其自身实体财产拥有的权益。知识、信息和内容等不具有上述自然的性质,它们是理念对象(Idea Objects,或称虚拟对象、概念对象),因此不应该强行规定所谓的知识产权,对这些伪权利的主张和实践必然会明确地、主动地侵犯他人的实体财产权——那才是真正需要维护的权利。

[26]凯文·凯利著:《技术元素》,p.229。

[27]丹尼尔·C·丹尼特、德布·罗伊:《信息透明让社会进化》,《环球科学》杂志,p.85,2015年4月,总第112期。

[28]在早期的内容与结构比较简单的网站中,一个网页往往只对应一个Cookie。如今,某个网站的一个网页中常常嵌入多个来自其他网站的代码段,同时还有多个flash动画,每一个嵌入的对象都有可能保存一个自己的Cookie。

[29]奇虎360与百度的搜索大战,是在国际著名的搜索引擎谷歌退出中国以后,搜索市场基本被百度独占的背景下发生的。从这次“大战”开始到2014年底,奇虎360搜索在中国的市场份额达到了30%。

[30]在实践中具体执行Robots规范时,网站会在其根目录下放置一个纯文本文件Robots.txt,其中写明了对搜索引擎爬虫的行为要求,例如允许或禁止来自某个特定搜索引擎的爬虫,允许或禁止爬虫索引特定目录、特定类型的文件等。参见维基百科词条:http://zh.wikipedia.org/wiki/Robots.txt

[31]娱乐行业从业者通常喜欢模仿周围的人,跟风购买和使用苹果手机等时尚产品,其中大多数人只会用到苹果设备上的少数应用和功能,对该款手机默认将照片等媒体资料自动备份到云服务器的用途及风险不甚了了。

[32]由于计算机和互联网的普及,信息安全问题与黑客不时成为媒体关注的焦点,黑客的概念也常常被有意扭曲,以至于有些基于民族主义立场采取网络攻击行动的人也被称为黑客,这远远脱离了黑客的核心定义中包含的开放、平等与自由等基本理念。

[33]在公众的朴素认识中,美国政府收集外国人和美国人的通讯数据(或元数据)是侵权行为,这是不准确的。从数据自由的角度看,美国政府并未侵犯通话人的实体财产,考虑其是否侵犯了通信企业的实体财产才是问题的关键。

结 语

本书讨论的数据指的是作为比特集合的数据。本书讨论的数据化是指数字化发展的高级阶段，是数字化2.0。如果说在数字化早期，人们关注比特对应的是原子层面的认识，那么数据化就是在分子层面研究信息科技的意义、作用和价值。

当前热门的大数据理论中对“数据”概念的阐述是混乱的，所谓大数据其实更应该被称为“大统计”。大统计并不比大教育、大医疗、大健康、大物流、大商业和大工业（新名词叫工业化4.0）高明多少，因为它们的“大”，从根本上都来自于信息科技创新应用的支持，即获得了本书所讨论的数字化向数据化跃迁升级的力量的支持。具体地说，它们之所以能这么“大”，是由于数据化真正把强劲的数据计算力、数据通讯力和数据存储力交付到每一个人的手上。

在数字化发展的原始阶段，业界存留了大量上一代技术的僵化意识形态残余。我们正在努力摆脱那些陈腐的思维。本书分析的众多案例、种种现象都清晰地反映了围绕开放数据发展的进步趋势，明确了数据化正在迅速成为我们周围的现实。以数据为核心的产品、应用、系统、流程和服务的普及意味着一次全方位的模式转变，它们必然超越那些停留在原始数字化阶段的、对上一代技术产品的线性增量改进。

数据化是我们周围层出不穷的颠覆式创新的真正力量的来源，数据化代表着一次重大的范式转换——因为历史上第一次，我们见证了虚拟世界的融合与统一。虚拟世界是本书在原有的物质、精神的二分世界之外界定的一个与之对等的体系。新的认识框架由重新定义的实体世界、思维世界和虚拟世界这三个世界支撑。虚拟世界并非近期才有，从历史上真正意义上的人一出现，承载了智能外化的抽象对象的虚拟世界就已伴随思维世界同时产生和发展。

虚拟世界的对象来自人的思维、人的知识、人的智能的外化。人在实践中接触和改造实体世界中的物质对象，由于物质能量守恒的限制，人并不能凭空创造新的物质，人只是改变物质的状态。这些人为形成的状态中蕴藏的就是抽象的、客观的、非排他的虚拟对象，众多的虚拟对象是构造虚拟世界的基本单元。

信息革命之前的虚拟世界是静态的，它被地域、种族、文化、语言和技术发展水平所割裂，呈现不同程度的孤立、封闭和不兼容。在从数字化向数据化跨越的过程中，史无前例地形成了一个位于中介层的新的、虚拟的符码系统，不仅"数据"的引入统一了所有知识、信息的底层表达形式，而且"数据力"的导入也将人类动态的一般智能外化于新的虚拟世界中。由于通用的、动态的机器智能已经逐渐开始独立和自为，所以如今虚拟世界可以在一定程度上脱离人而自行运转。

数据友好主张是基于新技术伦理的一项倡议。由于开放性、通用性是数据化的本质特征，在正淹没一切知识、信息领域的数据化浪潮中，排斥数据友好的企业注定会走向衰亡，而拥抱数据友好的企业则有机会获得成功。因为有远见的公司将其精英的智能外化融合于统一的虚拟世界中，与用户和第三方企业共享数据力，这更可能达成多方共赢的局面；而目光狭隘的企业热衷于打造专有的标准、不兼容的架构，把自己雇员的才智封闭在一个硬壳里，将用户和第三方企业的智能拒之门外，排斥沟通交流和分享共赢，这既会牺牲其用户的长远利益，也会反伤其自身，导致其丧失良性共生、可持续发展的机会。

数据自由原则是基于一种价值判断提出的，这一价值判断指明，只有人身权和实体财产权才是真正的权利，单纯的比特数据无关产权。数据友好属于企业的自主选择，不应以"知识是人类的公共财产、共有财富"这样的崇高道德信条的名义，强制企业采取数据开放策略，逼迫其分享商业秘密。因为承载知识、信息的数据作为虚拟世界里的虚拟对象，其非排他性决定了它压根就不是什么财产，也不可以实体暴力授予某人垄断某些知识的特权，荒谬地界定与维护其权属——也就是说，比特数据既不是私有财产，也不是公有财产——虽然保存数据的硬盘、光盘和半导体存储器的确是可确权的实体财产。

实体财产的排他性是其客观的属性，可以从这一属性导出私有财产保护原则;比特数据的非排他性也是其客观的属性,可以从中导出数据自由原则:因为数据这类抽象对象属于虚拟世界范畴,任何人访问、获取任何数据都不应受到实体暴力的主动制裁,只要他使用的始终是自己的电脑、手机等实体财产,只要他没有首先侵犯和威胁到他人的实体财产。

拿数据自由之镜反照所谓的数字权利体系,我们不但可以轻松破除近些年被生造出来的各种新权利(包括数字财产权、上网权、被遗忘权、社交网站账号继承权、不被搜索引擎收录权等)的神话,还可以映射出目前已被广泛认可的知识产权理念的虚妄,宣告整个知识产权强制体系的彻底破产。

知识产权是伪概念,根本不存在什么所谓的知识产权。一个人去听相声演员的长篇单口相声,由于这位听众有极强的记忆力,回来之后他能向其他人一字不差、惟妙惟肖地复述全文——这里他运用的是自己的身体,发挥了其大脑所蕴藏的内在的智能;另一个人购买了音乐 CD,由于他的电脑有强大的处理能力,他能把音乐 CD 转录为 MP3 文件(即具体的数据化),并向其他人传播——这里他运用的是自己的实体财产,发挥了其电脑所承载的外化智能。基于信息自由、数据自由的原则,他们都不应受到法律的制裁,因为这些利用非排他的信息、数据的活动都未侵犯原创者的实体财产,原创者未遭受任何真正的损失。

反对法律层面上的知识产权体系,并不意味着反对在道德层面上抵制抄袭者、模仿者。对你讨厌的剽窃者进行社会舆论谴责、人肉搜索和公开其个人信息等活动都属于虚拟世界范畴,作为同态报复手段,这些都没有任何问题。知识内容原创者甚至可以联合各种社会力量,在个人与企业的私有财产范围内自愿、自发对其加以抵制,例如让其雇主对其处罚或解雇他,请求商业机构拒绝与其交易,让银行、宾馆、饭店和交通运输企业拒绝为其服务等。

反对知识产权体系,并不意味着反对内容原创者、程序开发者和设计者利用其才智挣钱,只是不希望社会中有创造力的人走上偏执的、主动侵犯别人的邪路。要正当地追求自己的利益,软件开发者、内容原创者和设计者既可以捆绑实体介质直接销售,也可以通过广告、利用加密限制、获取用户数据等方式间接获取收入。知识原创者挣钱的实际方式是提供无形的服务,这类服务可采取各种创新的形式,但要求以法律体系暴力制裁抄袭者是不正当的,因为这样做恰恰是对他人真正的实体产权的主动侵犯,远远超出了同态报复的限度。

从本质上看，反对以实体暴力强制为后盾的知识产权体系，才是真正支持创新——最终这既对创新者有利，也对所有拒绝主动侵害实体财产的人有益。音乐领域的创新不仅仅是作词、作曲、演出、演唱，宣传推广、向用户提供音乐服务的形式，以及对音乐体验的改善等方方面面都会诞生创意；智能手机行业的创新也不仅在于手机硬件外形设计、软件界面交互，企业与用户的沟通反馈机制、市场营销手段等方方面面都会出现创新。谁也不能强行决定，只有那些可以为版权机构注册登记的东西才是创新，而其他在市场中涌现的多样化服务形式就不是。

总而言之，从更长远、更广泛的利益考量，知识产权体系只会持续地压抑创造力，打造一个模式僵化、沉寂静态的思维监狱，而一个数据自由的虚拟世界才能有效地解放人的智能，实现智能的便捷分享，营造出一个多样化融合的、不断流动生发的创新生态系统，这才会真正长远造福整个社会。

图书在版编目(CIP)数据

数据化:由内而外的智能/姜浩著. —北京:中国传媒大学出版社,2017.8
(传媒艺术学文丛)
ISBN 978-7-5657-2068-0

Ⅰ. ①数… Ⅱ. ①姜… Ⅲ. ①数据处理 Ⅳ. ①TP274

中国版本图书馆 CIP 数据核字（2017）第 168437 号

数据化:由内而外的智能

著　　者　姜　浩
责任编辑　黄松毅
责任印制　阳金洲
封面制作　拓美设计

出版发行　中国传媒大学出版社
社　　址　北京市朝阳区定福庄东街 1 号　邮编:100024
电　　话　86-10-65450528　65450532　传真:65779405
网　　址　http://www.cucp.com.cn
经　　销　全国新华书店

印　　刷　北京艺堂印刷有限公司
开　　本　710mm×1000mm　1/16
印　　张　13.75
字　　数　210 千字
版　　次　2017 年 8 月第 1 版　2017 年 8 月第 1 次印刷

书　　号　ISBN 978-7-5657-2068-0/TP · 2068　定　　价　56.00 元